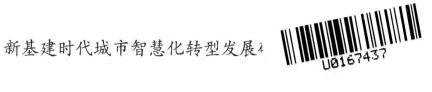

数字孪生城市：
新基建时代城市智慧治理研究

杜明芳　邢春晓　◎　著

中国建筑工业出版社

图书在版编目（CIP）数据

数字孪生城市：新基建时代城市智慧治理研究／杜
明芳，邢春晓著.—北京：中国建筑工业出版社，2020.11（2022.11重印）
新基建时代城市智慧化转型发展研究专著
ISBN 978-7-112-25504-7

Ⅰ.①数…　Ⅱ.①杜…②邢…　Ⅲ.①现代化城市-
城市建设-研究-中国　Ⅳ.①TU984.2

中国版本图书馆CIP数据核字（2020）第185441号

第1章发力于科技端的新基建战略。介绍新基建的内涵、投资现状、发展动态等内容。第2章为新基建之信息基础设施。重点阐述5G、边缘计算、大数据中心等支撑数字孪生城市建设与治理的主要先进信息基础设施。第3章为新基建之融合基础设施。重点阐述轨道交通、智慧建筑、智慧能源，这也是数字孪生城市智慧市政工程的重点所在。第4章为数字孪生基础理论与技术。从通用数字孪生系统开发实现的角度提出了数字孪生系统论，认为它是一个自平衡的动态系统。提出了数字孪生系统构建与开发机理，给出了开发实现方法。提出数字孪生理论体系构建思路：数字孪生理论是系统工程及系统建模与仿真理论、现代控制理论、模式识别理论、计算机图形学、数据科学五大分支的融合体，在不同应用领域的需求和新一代信息技术驱动下又呈现出大数据为线索、多模型为核心的特点。第5章为城市数字化管理与智慧化治理。在回顾我国智慧城市发展脉络的基础上，论述我国数字化城市管理的发展情况及现代化治理的探索情况。第6章为基于数字孪生的城市智慧治理理论和技术。系统性论述新基建时期现代化城市治理需求与现状，城市信息模型、数字孪生城市、现代城市治理、数字孪生驱动的城市治理模式、数字新基建驱动的城市闭环治理方略、城乡治理模式多元化格局、城市复杂巨系统等原创性思想、理论及技术。第7章为城市智慧治理案例研究，精选了德国柏林智慧城市、阿姆斯特丹智慧城市、葡萄牙国家远程医疗、海尔智慧社区、阿里巴巴数字化乡村治理、雄安新区区块链平台、北京城市副中心地下管线等典型案例。第8章为信息基础设施促进城市发展范式探索，论述了范式的定义与构建思路，提出数字孪生城市发展四范式、新基建发展范式及城市标准化智慧治理范式，给出基于数字孪生的城市智慧治理评价指标体系。

责任编辑：张　健
责任校对：党　蕾

新基建时代城市智慧化转型发展研究专著

数字孪生城市：新基建时代城市智慧治理研究
杜明芳　邢春晓　著
*
中国建筑工业出版社出版、发行（北京海淀三里河路9号）
各地新华书店、建筑书店经销
北京建筑工业印刷厂制版
北京中科印刷有限公司印刷
*
开本：787毫米×1092毫米　1/16　印张：13¼　字数：242千字
2021年1月第一版　　2022年11月第二次印刷
定价：**49.00**元
ISBN 978-7-112-25504-7
（36513）

序

当前，数字孪生是世界范围内关注和研究的热点领域。数字孪生是工业基因，也是通用智能基础设施，这些先天属性使其有望成为 21 世纪最具颠覆性的创新领域之一。城市是一类典型的复杂系统，非常适宜采用数字孪生理论来观察和研究。在新基建时代到来之际，如何将国家倡导的新基建战略与智慧城市建设发展紧密结合起来是非常值得关注并需要付诸实践的重要历史任务。智慧城市是新基建的集大成者，新基建综合应用的最佳载体最有可能就是城市。

国家对新型城镇化和智慧城市的建设发展一向十分重视。中国共产党第十九届中央委员会第五次全体会议提出《中共中央关于制定国民经济和社会发展第十四个五年规划和二〇三五年远景目标的建议》，指出"十四五"时期我国经济社会发展主要目标为：经济发展取得新成效；改革开放迈出新步伐；社会文明程度得到新提高；生态文明建设实现新进步；民生福祉达到新水平；国家治理效能得到新提升。其中，特别提到要"推进以人为核心的新型城镇化"，"优化国土空间布局，推进区域协调发展和新型城镇化"，"改善人民生活品质，提高社会建设水平"等。2020 年 4 月，习近平总书记在中央财经委员会第七次会议上的讲话中指出："我们要乘势而上，加快数字经济、数字社会、数字政府建设，推动各领域数字化优化升级。"要求"完善城市化战略"，"要更好推进以人为核心的城镇化，使城市更健康、更安全、更宜居，成为人民群众高品质生活的空间"，"要坚持以人民为中心的发展思想，坚持从社会全面进步和人的全面发展出发，在生态文明思想和总体国家安全观指导下制定城市发展规划，打造宜居城市、韧性城市、智能城市，建立高质量的城市生态系统和安全系统。"习近平总书记 2020 年 3 月 10 日在赴湖北省武汉市考察疫情防控时表示，要着力完善城市治理体系和城乡基层治理体系，树立"全周期管理"意识，努力探索超大城市现代化治理新路子。全周期管理是问题导向，更加强调系统思维，也更加注重预防预测性管理。城市全周期管理是指从立项、规划、设计、施工、调试到运行、维护等环节的管理过程，关系到政府、市民、城市设计者、供应商、城市维护人员等利益相关者，每一步都要求做到坚持系统思维，将管理维度与各种要素有机结合，建立科学化、程序化、制度化的全周期管理体制和机制。

美国国家科学基金会（NSF，National Science Foundation）在 2006 年提出了信息物理系统（CPS，Cyber-Physical Systems）概念，德国于 2011 年利用该概念提出了工业 4.0（Industries 4.0）；美国在 2003 年创造了数字孪生体（Digital Twin）概念，德国西门子在 2016 年开始尝试利用数字孪生体来完善工业 4.0 应用。数字孪生理论、技术及应用在全球范围内正掀起热潮。数字孪生的核心是计算、通信、控制等多数字技术的高度融合，能够自主适应物理环境的变化。数字孪生作为一种充分利用模型、数据并集成多学科的技术，面向产品全生命周期过程，已成为连接物理世界和信息世界的重要桥梁和纽带，可提供更加实时、高效、智能、精准、个性的服务。将数字孪生应用于城市，构建基于数字孪生这一通用数字基座的数字孪生城市已成为历史的必然，在现实中具有广泛、迫切的需求。可以预见，随着中国新型城镇化的加速推进，数字孪生城市将成为主流建设发展模式。数字孪生城市将有效解决城市信息孤岛、城市深度智能感知、城市多元协同治理等关键问题，成为新基建时期最为有效的城市智慧治理手段之一。

本书为我们带来了以数字孪生来治理城市的新视角，这是作者长期从事城市和信息化领域研究后形成的重要思想和理论成果。十九届中央委员会第四次全体会议着重研究了坚持和完善中国特色社会主义制度、推进国家治理体系和治理能力现代化的若干重大问题。如何从城市治理现代化的角度支撑国家治理体系和治理能力现代化已成为重要的历史命题。本书基于数字孪生进行城市治理的前瞻性研究为丰富国家治理体系和治理能力现代化理论与实践体系提供了素材，描绘了一条极具中国特色的现代治理体系发展路径。我相信，本书的出版，必将为未来中国新型城镇化美好蓝图的绘制增添亮色，也必将为政界、产业界、学术界提供极具现实意义的启发。

姚世全 教授

2020 年 11 月于北京

前　言

　　本书针对新基建背景下中国智慧城市和数字乡村建设与治理问题，以新型信息基础设施为引擎，密切结合新的历史时期全国新型智慧城市和数字乡村建设实际情况与需求，探索新基建时代新型智慧城乡的架构、数据、模型、创新应用领域、治理策略、发展范式等核心问题，寻求优化解决之道。本书提出以"城市信息模型—数字孪生城市系统—城乡智慧治理体系"为新路径和新模式的新一代智慧城乡建设与治理方法，探索通用模型赋能多样化场景的新思路，在此基础上构建多级互联、分散协同、虚实互动一体化的数字孪生城市，希望能为促进新基建时期中国智慧城乡高质量发展提供新思维和新模式。当前智慧城市已进入从管理升华到治理的历史阶段，网格化精细管理模式将逐步向数字孪生强智能化自治模式演进。

　　本书对数字孪生及其在城市治理中的应用做了探索，提出了对数字孪生、数字孪生城市的理解，并论述了数字孪生城市与城市信息模型的关系。数字孪生七大要素是：物理空间、数字空间、数据、模型、控制、管理、服务。数字孪生及数字孪生—X系统的七大组成部分如下：（传感器、控制器、智能管理决策平台、算法、模型、数据、系统集成。）数字孪生具有如下重要作用：提升生产能力，提升协作效率，带来成本的极大下降，提供通用智能基础设施。系统工程包括技术过程和管理过程两个层面，技术过程遵循分解—集成的系统论思路和渐进有序的开发步骤。管理过程包括技术管理过程和项目管理过程。工程系统的研制，实质是建立工程系统模型的过程，在技术过程层面主要是系统模型的构建、分析、优化、验证工作，在管理过程层面，包括对系统建模工作的计划、组织、领导、控制。数字孪生为系统工程的管理和技术提供了数字化理论支撑，也提供了能够融管理和技术于一体的"容器"。在新一代智能基础设施的推动下，数字孪生将逐步应用到众多行业领域，并实现对各行各业的数字化提升改造。数字孪生城市三要素是：数据、模型、服务。当空天地一体化网络、智能无人系统等技术充分发展起来以后，传统城市电子地图精度提升近百倍，实现高精度实时城市三维建模成为可能，数字城市孪生具备技术条件。各类业务平台系统数据、物联网终端数据、城市三维模型数据通过有序组合形成城市数字孪生体。在城市数字孪生体中存在各类智能模型与算法，与城市业务融合后，可产生各类有价值的城市服务。从系统工程视角看，智慧城市可看作是以城市信息模型（CIM）为数字孪生体的复杂系统工程。由于城市要素的多元化、多颗粒度现实，城市复杂系统工程具有多粒度特点。本书提出了多粒度数字孪生城市概念及理论，并认为构建多粒度数字孪生城市才能刻画出真实的智慧城市。

本书认为，CIM＝以数字技术为治理引擎（简称数字引擎）的数字孪生城市之数字孪生体。其中，数字技术＝BIM＋GIS＋IOT＋AI＋5G＋Block Chain＋Big Data＋卫星互联网＋……。如何从数字化、信息化角度为城市治理提供支撑已经成为时代的迫切需求。城市信息模型（CIM）为城市现代化治理提供了新方法、新途径、新工具。城市信息模型试图从城市建模的角度为城市提供更加科学严谨的表达，以"信息"为主线贯穿城市空间，使物理分散的城市在信息空间中实现逻辑集成，因此能够更好地优化城市、管理城市、治理城市。

本书提出基于城市信息模型的城市现代化转型发展路径，实现逻辑为：（1）构建城市信息模型CIM；（2）建设城市信息模型驱动的智慧城市；（3）基于CIM和智慧城市构建现代城市治理体系；（4）在现代城市治理体系的推动下，逐步完成城市现代化转型发展。在以上进程中，数字孪生城市将贯穿于智慧城市和现代城市治理体系之中，城市信息模型（CIM）、智慧城市、现代城市治理体系共同勾勒出基于模型的城市治理体系总体框架。城市信息模型、数字孪生城市、智慧城市、现代城市治理体系、城市现代化转型发展将共同构筑出"五位一体"的发展格局，也将共同打造出城市现代化转型发展新模式。

新基建为智慧城市和城市治理的发展带来了新机遇，同时也提出了新挑战。新基建与城市智慧治理有着内在的强相关性，二者的交织演进将为数字中国的建设发展提供最直接的驱动力，也将为数字中国蓝图的绘制提供解决方案。希望本书能为新基建时代的城市治理带来帮助，能为探索中前进的新基建业态构建带来启发。本书读者对象为政府主管部门领导、行业领域从业者、高校本科高年级以上学生等。由于时间较仓促，书中疏漏之处在所难免，不足之处敬请指出。

杜明芳

于清华大学信息国家研究中心

2020 年 8 月

目　　录

1 发力于科技端的新基建战略

1.1 新基建内涵

2020 年 4 月，国家发改委首次明确新型基础设施的范围，初步研究认为新型基础设施是以新发展理念为引领，以技术创新为驱动，以信息网络为基础，面向高质量发展需要，提供数字转型、智能升级、融合创新等服务的基础设施体系。当前，新基建正引发新一轮投资建设热潮，全国各省市纷纷推出新基建行动计划，近百万亿投资大单正在逐步落地实施。同时，新基建的内涵与外延仍需继续研究探讨，新基建的实施方法路径及其影响经济社会发展的成功模式仍需在实践中持续摸索推进。

2020 年的中央经济工作会议把 5G、人工智能、工业互联网、物联网等新型基础设施建设列为经济建设的重点任务之一。区别于传统"基建"，"新基建"主要发力于科技端，关注逻辑注重战略性新兴产业对经济的刺激，注重国家中长期发展所必需的科技支撑。发力于科技端的新基建经济将会迎来爆发式快速增长。

根据国家发改委的解释，新型基础设施主要包括三个方面内容。

一是信息基础设施。主要是指基于新一代信息技术演化生成的基础设施，比如以 5G、物联网、工业互联网、卫星互联网为代表的通信网络基础设施，以人工智能、云计算、区块链等为代表的新技术基础设施，以数据中心、智能计算中心为代表的算力基础设施等。

二是融合基础设施。主要是指深度应用互联网、大数据、人工智能等技术，支撑传统基础设施转型升级，进而形成的融合基础设施，比如智能交通基础设施、智慧能源基础设施等。

三是创新基础设施。主要是指支撑科学研究、技术开发、产品研制的具有公益属性的基础设施，比如重大科技基础设施、科教基础设施、产业技术创新基础设施等。

在此之前，新基建被普遍认为包括七个方面内容：5G 基建、特高压、城际高速铁路和城际轨道交通、新能源汽车充电桩、大数据中心、人工智能、工业互联网。国家发改委对"新基建"的解释涵盖范围更大，也更具有延展性。

未来若干年，国家发改委将联合相关部门，深化研究、强化统筹、完善制度，重点做好四方面工作：

一是加强顶层设计。研究出台推动新型基础设施发展的有关指导意见。

二是优化政策环境。以提高新型基础设施的长期供给质量和效率为重点，修订完善有利于新兴行业持续健康发展的准入规则。

三是抓好项目建设。加快推动 5G 网络部署，促进光纤宽带网络的优化升级，加快全国一体化大数据中心建设。稳步推进传统基础设施的"数字+""智能+"升级。同时，超前部署创新基础设施。

四是做好统筹协调。强化部门协同，通过试点示范、合规指引等方式，加快产业成熟和设施完善。推进政企协同，激发各类主体的投资积极性，推动技术创新、部署建设和融合应用的互促互进。

1.2　新基建发展历程

早在 2018 年底召开的中央经济工作会议上就明确了 5G、人工智能、工业互联网、物联网等"新型基础设施建设"的定位，随后"加强新一代信息基础设施建设"被列入 2019 年政府工作报告。

在中央电视台中文国际频道的报道中，新型基础设施建设是指发力于科技端的基础设施建设，主要包含 5G 基建、特高压、城际高速铁路和城际轨道交通、新能源汽车充电桩、大数据中心、人工智能、工业互联网七大领域，涉及通信、电力、交通、数字等多个社会民生重点行业。

新基建的投资建设重心不再是房地产，而是城际交通、物流、市政基础设施，以及 5G、人工智能、工业互联网等新型基础设施建设。可以将这次的新基建看作宽泛定义下的信息基建，主要包括新一轮的网络建设，如光纤宽带、窄带物联网（NB-IoT）、5G、IPv6、北斗等数据信息的相关服务，如大数据中心、云计算中心等，以及信息和网络的安全保障等。

2020 年，新型基础设施建设进入高层布局：

1 月 3 日，国务院常务会议：大力发展先进制造业，出台信息网络等新型基础设施投资支持政策，推进智能、绿色制造。

2 月 14 日，中央全面深化改革委员会第十二次会议：基础设施是经济社会发展的重要支撑，要以整体优化、协同融合为导向，统筹存量和增量、传统和新型基础设施发展，打造集约高效、经济适用、智能绿色、安全可靠的现代化基础设施体系。

2 月 21 日，中央政治局会议：加大试剂、药品、疫苗研发支持力度，推动生物医药、医疗设备、5G 网络、工业互联网等加快发展。

2 月 23 日，中央统筹推进新冠肺炎疫情防控和经济社会发展工作部署会议：一些传统行业受冲击较大，而智能制造、无人配送、在线消费、医疗健康等新兴产业展现出强大成长潜力；要以此为契机，改造提升传统产业，培育壮大新兴产业。

3 月 4 日，中央政治局常务委员会会议：要加大公共卫生服务、应急物资保障领域投入，加快 5G 网络、数据中心等新型基础设施建设进度。

1.3 新基建投资现状

一直以来，基建投资是"逆周期"调控和"稳增长"的主要政策工具。当前，多数地方政府已公布今年的投资计划，在疫情的重压下，各地纷纷提高基建投资力度提振经济。据相关机构不完全统计，除天津、内蒙古、新疆、海南、辽宁、青海等地尚未公布整体投资计划，全国其余省份所公布的投资总额已经超过 40 万亿元。2020 年，各地相继公布年度重点基础设施项目投资计划，其中不少省份部署了新基建推进项目。据不完全统计，截至 4 月 12 日，全国 31 个省、市、自治区 2020 年计划完成投资额规模达 66958 亿元，其中，新基建预计投资额达 15631 亿元，约占 2020 年投资额的 23%。

2020 年，部分省市提出了各自的信息基础设施建设规划，全国性的信息基建有望迅速展开。信息基础设施建设将成为我国新一轮基建重点，从目前政策支持、各地规划，以及未来承接的新兴产业发展空间来看，5G、北斗、大数据中心和网络安全成为投资热点。从长期来看，新基建是未来规划的重点方向。据赛迪智库发布的《"新基建"发展白皮书》预计，到 2025 年，5G 基建、特高压等七大领域新基建直接投资额将达 10 万亿元左右，带动投资累计或将超过 17 万亿元。"新基建"中的 5G、AI、工业互联网等项目成为新亮点。

"新基建"投资目前呈现如下几个特点：交通、能源等大基建项目仍占较大比重，新旧动能转换下的新兴制造业投资依旧是各地招商引资的重点，5G 通信网络建设、物流体系升级改造建设、新能源汽车配套等"新基建"项目成为 2020 年的发展重点；几个省份的共同特点是为应对疫情加大了公共卫生方面的投资，如黑龙江强调要把公共卫生防控能力、物资储备体系、公共环境卫生等补短板项目纳入"百大项目"，安徽提出准备推进一批应急医疗救治设施、传染病防治、疾控体系和基层公共卫生体系建设项目。

新基建的几个重点方向及其投资状况如下。

5G 基站建设。从未来承接的产业规模来看，5G 将是新技术中最值得期待的方向，我国重点发展的各大新兴产业，如工业互联网、车联网、企业上云、人工智能、远程医疗等均需要以 5G 作为产业支撑。在全球加快布局 5G 的大环境下，国内 5G 建设落地速度有望比计划提前。

特高压。国家电网启动十大领域混改，特高压领域首次开放。包括持续推进装备制造企业分板块整体上市；加快电动汽车公司混合所有制改革；开展信息通信产业混合所有制改革；在特高压直流工程领域引入社会资本；推进通航业务混合所有制改革；深化金融业务混合所有制改革；加快推进增量配电改革试点落地见效；积极推进交易机构股份制改造；加大综合能源服务领域开放合作力度等。国家电网向社会资本开放特高压建设，打开了市场对行业前景的想象空间。特高压输电是指以交流 1000kV 及以上和直流正负 800kV 及以上进行长距离输电。特高压输电的优势是高效，是我国原创、世界领先的重大电网创新技术，其研发的成功使我国首次站上了电网尖端技术领域的制高点。对特高压工程来说，技术等级高、资源优化配置能力强、运营和收益稳定，以及投资金额较大，是其显著特点。

城际高速铁路和城市轨道交通。国家发改委近一个月批复基建投资约8600 亿元。近期，国家发改委共批复 8 个城市及地区的城市轨道与铁路建设规划（包含新增），包括重庆、济南、杭州、上海、长春 5 个城市的轨道交通，广西北部湾经济区、新建西安至延安以及江苏省沿江城市群三个区域的铁路建设。其中，上海和江苏相关规划投资分别约为 2983.48 亿元和 2180 亿元。北京市交通委员会表示在未来 3 年内，北京还将陆续开通 3 条轨道线路。城轨建设将开启建设高潮。

1.4 新基建布局和发展动态

1.4.1 北京市新基建

北京市 2019 年公布了"三个一百"工程，即"集中精力推进 100 个基础设施、100 个民生改善和 100 个高精尖产业项目"。100 个重大基础设施项目包括北京大兴国际机场多个项目，京雄铁路（北京段）、京张铁路（北京段）等7 个铁路项目，京雄高速、延崇高速（北京段）等 11 个公路项目，轨道交通

11 号线西段（冬奥支线）等 21 个轨道交通项目等；100 个重大民生改善项目包括国家速滑馆等 11 个体育项目、北京口腔医院迁建等 25 个医疗项目，以及副中心剧院、图书馆、博物馆等 10 个文化项目等；100 个高精尖产业项目包括中芯北方 12 英寸集成电路生产线等 29 个先进制造业项目、阿里巴巴北京总部园区等 31 个服务业扩大开放项目等。

1.4.2 上海市新基建

上海市计划未来三年新基建的总投资额将达 2700 亿元。《上海市推进新型基础设施建设行动方案（2020-2022 年）》最近出台，《方案》立足数字产业化、产业数字化、跨界融合化、品牌高端化，坚持新老一体、远近统筹、建用兼顾、政企协同，提出了指导思想、行动目标、4 大建设行动 25 项建设任务、8 项保障措施，形成了上海版"新基建 35 条"。

《方案》提出，通过三年努力，率先在四个方面形成重要影响力：率先打造新一代信息基础设施标杆城市；率先形成全球综合性大科学设施群雏形；率先建成具有国际影响力的超大规模城市公共数字底座；率先构建一流的城市智能化终端设施网络。到 2022 年底，上海新型基础设施建设规模和创新能级迈向国际一流水平。

《方案》明确了推进上海特色"新基建"的 4 大重点领域：以新一代网络基础设施为主的"新网络"建设；以创新基础设施为主的"新设施"建设；以人工智能等一体化融合基础设施为主的"新平台"建设；以智能化终端基础设施为主的"新终端"建设。初步梳理摸排了未来 3 年实施的第一批 48 个重大项目和工程包，预计总投资约 2700 亿元。

为实现 2022 年目标，《方案》提出全力实施四大建设行动：

"新网络"建设行动。高水平建设 5G 和固网"双千兆"宽带网络，加快布局全网赋能的工业互联网集群，建设 100 家以上无人工厂、无人生产线、无人车间，带动 15 万企业上云上平台。

"新设施"建设行动。加快推进硬 X 射线等大设施建设，开展下一代光子科学设施预研；争取国家支持布局新一轮重大科技基础设施；建设电镜中心、先进医学影像集成创新中心、国家集成电路装备材料产业创新中心等若干先进产业创新基础设施；围绕前沿科学研究方向，布局建设重大创新平台。

"新平台"建设行动。建设新一代高性能计算设施，打造超大规模人工智能计算与赋能平台；建设政务服务"一网通办"和社会治理"一网统管"基础支撑平台，探索建设数字孪生城市；构建医疗大数据训练设施，支持人工智能企业开展深度学习等多种算法训练试验；探索建设临港新片区互联设施体系和长三角一体化示范区智慧大脑工程。

"新终端"建设行动。规模化部署千万级社会治理神经元感知节点；新建10万个电动汽车智能充电桩；建设国内领先的车路协同车联网和智慧道路；建成市级公共停车信息平台；拓展智能末端配送设施，推动智能售货机、无人贩卖机、智慧微菜场、智能回收站等各类智慧零售终端加快布局；建设互联网+医疗基础设施；培育教育信息化应用标杆学校；打造智能化"海空"枢纽设施；完善城市智慧物流基础设施建设。

上海版"新基建"最显著的特点，可以说是突出数字化、智能化、网络化对产业发展和城市运行的赋能。

1.4.3　雄安新区智能城市基础设施

2019 年，雄安率先试用 5G 网络，雄安新区 5G 智慧城市建设启动。2020年 1 月份雄安新区发布了智慧城市的重要产品 X-HUB 太行智能网关。雄安新区设立以来，各大公司在新区积极推进 5G 网络、物联网、云计算、大数据等新技术、新业态研发落地。2017 年 9 月，中国移动在雄安新区部署河北省首个 5G 基站，2020 年 3 月完成雄安新区重点场景、石家庄部分区域的 5G 网络覆盖；4 月 22 日，中国移动携手华为成功打通河北省内首个 5G 电话，实现石家庄与雄安新区跨地市间 5G 通话。目前，规模更大、覆盖更广、性能更强的5G 预商用网络正在规划中。6 月 27 日，河北移动联合新华书店打造的雄安新区首家 24 小时 5G 无人智慧书屋在容城县新华书店成功试点运营。2019 年 12月 20 日，河北省雄安新区首个 5G 智慧银行网点——农业银行雄安市民服务中心支行正式揭牌开业。该网点依托雄安新区率先开启的 5G 切片试验网，运用 5G 切片技术，解决了传统网络环境中移动设备便捷性与安全性不可兼得的问题，可以更好地保护网络环境中移动设备的便捷性与安全性。

1.5　城市智慧治理

智慧城市是新型城镇化的前沿，是一种城市发展的新理念和新模式。智慧城市基于信息通信技术（ICT），全面感知、分析、整合和处理城市生态系统中的各类信息，实现各系统间的互联互通，对城市运营管理中的各类需求做出智能化响应和决策支持，优化城市资源调度，提升城市运行效率，提高市民生活质量，促进城市产业发展。智慧城市通过综合应用物联网、云计算、大数据、移动互联网、工业互联网、人工智能、区块链、量子计算、卫星导航等新一代信息技术，将政府、企业、个人汇集到城市系统中，通过城市应用系统的不断交互作用，促进城市各组成要素间的协同，改进城市功能，提高城市服务能力，形成更加智慧的整体。智慧城市具有四大基本特征：全面透彻的感知、宽带泛在网络的互联、智能融合的应用以及以人为本的可持续创新。欧盟对智慧城市的评价标准包括智慧经济、智慧环境、智慧治理、智慧机动性、智慧居住以及智慧人6个方面。随着社会经济发展，智慧城市正逐步成为一个复杂多元化的概念。从城市化和新型城镇化角度看，智慧城市是一种战略落地载体；从社会形态的演进角度看，智慧城市是信息社会和智慧社会的一种具体形式，奠定了信息社会发展的基础；从经济发展角度看，智慧城市是一种现代经济系统资源要素优化配置的有效手段，也是拉动经济增长的新动能；从工业4.0角度看，智慧城市是工业产品的消费市场；从人工智能角度看，智慧城市是一类非线性复杂神经网络，也是一种多智能体系统，由数量庞大的单智能体组成，具有群体智能性；从大数据角度看，智慧城市是巨型数据仓库，为大数据应用提供了试验场。因此，城市智慧治理体系的构建要从以上视角建立多维度立体化模型，以大数据、人工智能、5G工业互联网为技术基底，构建通用信息基础设施——城市信息模型、数字孪生城市，并以城市信息模型和数字孪生城市为公共支撑平台构建融合多元要素的城市智慧治理体系。

智慧城市是仍在发展演进中的新兴领域，近十年来，国家政策文件、企业界、学术界都对智慧城市进行过各种定义，典型的智慧城市定义如图1-1所示。

"智慧城市"定义
能够充分运用信息和通信技术手段感测、分析、整合城市运行核心系统的各项关键信息，从而对于包括民生、环保、公共安全、城市服务、工商业活动在内的各种需求做出智能的响应，为人类创造更美好的城市生活。
利用先进的信息技术，以最小的资源消耗和环境退化为代价，实现城市效率的最大化和最美好的生活品质而建立的城市环境。
智慧城市是通过综合运用现代科学技术、整合信息资源、统筹业务应用系统，加强城市规划、建设和管理的新模式。
智慧城市是运用物联网、云计算、大数据、空间地理信息集成等新一代信息技术，促进城市规划、建设、管理和服务智慧化的新理念和新模式。
科学统筹城市三元空间（CPH），巧妙汇聚城市市民、企业和政府智慧，深化调度城市综合资源，优化发展城市经济、建设和管理，持续提高城市发展与市民生活水平，更好地服务市民的当前与未来。
新型智慧城市是将网络信息技术基础设施化，通过云、网、端实现实时在线、智能集成、互联互通、交互融合、数据驱动，拓展新空间，优化新治理，触达新生活，从而重构人与服务、人与城市、人与社会、人与资源环境、人与未来关系的可持续化经济社会发展新形态。

图1-1　各种智慧城市定义

新型智慧城市是新时代贯彻新发展理念，全面推动新一代信息技术与城市发展深度融合，引领和驱动城市创新发展的新路径，是形成智慧高效、充满活力、精准治理、安全有序、人与自然和谐相处的城市发展新形态和新模式。新型智慧城市是数字中国、智慧社会的核心载体。

十八大以来，党中央、国务院高度重视新型智慧城市建设工作。习近平总书记指出，要"统筹发展电子政务，构建一体化在线服务平台，分级分类推进新型智慧城市建设"。《国民经济与社会发展"十三五"规划》将新型智慧城市作为我国经济社会发展重大工程项目，提出"建设一批新型示范性智慧城市"。《国家信息化战略纲要》明确提出分级分类建设新型智慧城市的任务。《"十三五"国家信息化规划》将新型智慧城市作为十二大优先行动计划之一，明确了 2018 年和 2020 年新型智慧城市的发展目标，从实施层面为新型智慧城市建设指明了方向和关键环节。

新型智慧城市涵盖设计、建设、运营、管理、保障各个方面，具体来说应包括顶层设计、体制机制、智能基础设施、智能运行中枢、智慧生活、智慧生产、智慧治理、智慧生态、技术创新、标准体系、安全体系、保障体系。在政策支持及基础设施完备的基础上，智慧城市的应用场景日益丰富，例如智慧安防、智慧人居、智慧交通、智慧社区、智慧金融、智慧旅游、智慧环保、智慧能源等。

新基建背景下，智慧城市的深度发展将更加侧重于以数字技术为引擎和工具的城市治理，即城市智慧治理。城市智慧治理是指以信息基础设施为数字引擎，融合城市业务和场景，以数字孪生为主要治理手段的现代城市治理理论、方法及技术体系。

新基建时代，城市智慧化治理面临着一系列新场景、新问题，其治理模式、手段、路径都值得深入探索。应重点思考的几个问题如下：

（1）如何在新基建背景下规划、建设、管理全流程全周期综合优化智慧城市？

（2）如何构建新基建驱动的新一代智慧城市理论体系及发展范式？

（3）如何站在复杂巨系统的视角构建城市智慧治理的智能系统模型？

（4）如何基于数字孪生理论和技术构建新一代智慧城市理论体系？

（5）如何借鉴全球基于模型的数字工程前沿理论和技术，发展中国的城市数字工程？并以此为路径实现"虚实互动一盘棋"式的中国城市治理创新？

（6）新基建时代能够对中国经济形成强大激活力量的新一代智慧城市重点垂直领域有哪些？

　　另外，如何充分发挥新基建的新引擎作用？如何理解新基建背景下的新一代智慧城市？如何在新基建背景下加快推进城乡治理现代化？城乡治理现代化如何支撑国家治理体系和治理能力现代化？本书将给出新基建背景下对智慧城市的四视角立体化理解，即大数据＋城市、人工智能＋城市、泛在网＋城市、安全可信＋城市，在此基础上构建出数字孪生城市。数字孪生城市采用一体化虚实互动模式实现城市智慧治理，是实现城市治理现代化的有效方法。提出由模型到系统再到体系（系统的系统）的城市治理方法论，以"城市信息模型 - 数字孪生城市系统—城乡智慧治理体系"为路径构建新一代智慧城乡建设与治理新模式，探索通用模型赋能多样化场景的新思路，在此基础上构建多级互联、分散协同、虚实互动一体化的数字孪生城市，采用与国际同步的数字工程视角重新审视智慧城市，为我国城乡治理现代化提供新思维和新方案。

2 新基建之信息基础设施：5G 边缘计算 大数据中心

本章重点论述新基建中的信息基础设施：5G、边缘计算、大数据中心。这些信息基础设施是智慧城市的数字基座，为数字孪生城市、数字孪生体的构建提供了技术基础。新基建的信息基础设施除了以 5G、物联网、卫星互联网等为代表的通信网络基础设施，还包括以人工智能、边缘计算、云计算、区块链等为代表的新技术基础设施，以及以大数据中心、智能计算中心为代表的算力基础设施等。本章重点对较新的几项关键技术进行探讨。

2.1 5G

2.1.1 5G 核心技术

5G，即第五代移动电话行动通信标准，也称第五代移动通信技术。目前 5G 技术正在落地中，下载速度可达 1.25GB/s。5G 是在现有无线接入技术（包括 2G、3G、4G 和 WiFi）基础上的演进，可集成多种新增无线接入技术。

5G 融合毫米波、大规模天线阵列、超密集组网等关键技术，低时延、高可靠性、高速率、频谱和能源高效利用等是 5G 技术的最大特点。5G 网络的峰值理论传输速度可达数十 Gbit/s，比 4G 网络的传输速度快数百倍。5G 的峰值速率要求达到 20Gbps，是 4G 峰值速率 1Gbps 的 20 倍，5G 每平方公里的连接能力 100 万终端，是 4G 的 10 倍，延时从 10ms 降至 1ms。与 4G 侧重人与人之间的通信不同，5G 侧重物联网通信，将人和人、人和物、物和物连成一体，构成全新的信息化基础设施。

国际电信联盟无线电通信局（ITU-R）定义了 5G 的三大典型应用场景为：增强型移动宽带（eMBB）、超可靠低时延通信（uRLLC）和海量大规模连接物联网（mMTC）。eMBB 主要面向虚拟现实（VR）/增强现实（AR）、在线4K 视频、智慧家庭、智慧社区等高带宽需求业务。mMTC 主要面向智慧城市、智慧能源、智慧建筑、智能交通等高连接密度需求的业务。uRLLC 主要面向工业互联网、车联网、无人驾驶、无人机等时延敏感的业务。

5G 产业链可以分为三个领域，和通信网络架构一一对应，分别是接入网产业链、承载网产业链和核心网产业链（图 2-1、图 2-2）。

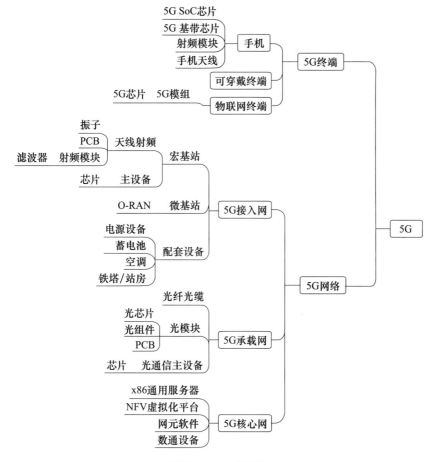

图 2-1 5G 产业链

5G 包括公网和专网两部分。公网：运营商在全国范围内建设和经营的通信网络，是公共通信网络，也称"公网"。4 家运营商分别是中国移动、中国电信、中国联通和中国广电。公网采用"特许经营权"模式。专网：铁路、电力、公安、码头等领域专用。相关部门或单位被授权允许建立通信网络。这种网络是专用的，指定了用户范围，也指定了地域范围，规模很小，用户数也不多（相对公网来说），也被称为"专网"。

5G 标准频谱主要集中在中高频段，3.3～39GHz 之间被划分成多个频段。相较于前几代移动通信技术，5G 所采用的中高频段传播损耗较大，网络覆盖所需要的成本较高。其在上下行解耦、大规模 MIMO、波束聚合、波束赋形等方面需要更多的关键技术支撑。根据 2018 年全球移动设备供应商协会（GSA）发布的报告，全球已经有 17 个国家计划或已经发布了 5G 商用牌照，我国工业和信息化部颁布的 5G 标准中，通信频段主要分布在 3.3～3.6GHz 和 4.8～5.0GHz 之间。3GPP 5G 标准主要集中在无线接入网和核心网部分，无线接入网方面主要解决新空口技术架构、站点存储条件、网络切片规划、业务需求、安全及计费等。核心网方面主要解决提升新空口技术竞争力、增强实时通信等关键技术。

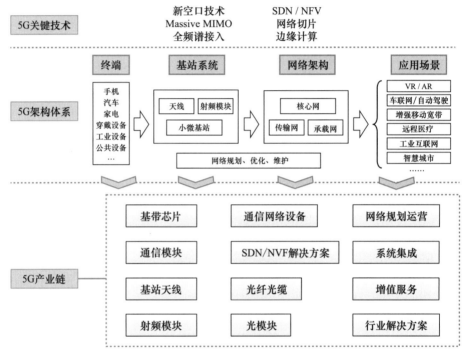

图 2-2　5G 技术与产业全景图

　　5G 频谱计划如下：2017 年，工信部已明确使用 3.3～3.6GHz 和 4.8～5.0GHz 作为 5G 中频段，并批复了 24.75～27.5 GHz 和 37～42.5GHz 高频段用于 5G 技术研发试验，这样可确保未来每家运营商平均获得至少 100MHz 带宽的 5G 中频段，以及至少 2000MHz 带宽的 5G 高频段。我国于 2019 年分配 5G 频谱。工信部表示未来将为 5G 提供更多的频谱，估计未来有可能释放 3.6～4.2GHz 为 5G 频段。

　　中国 5G 频谱运营商分配现状如图 2-3 所示：

　　网络切片技术是提升 5G 网络架构灵活性以支持多样场景需求的关键技术之一。针对不同类型的业务需求，其可以将定制的网络功能灵活地组合成不同的端到端相互隔离的独立网络。网络切片将一个物理网络切割成多个虚拟的端到端的网络，每个虚拟网络之间，包括网络内的设备、接入、传输和核心网，是逻辑独立的，任何一个虚拟网络发生故障都不会影响到其他虚拟网络（图 2-4）。

中国频谱分配现状			
运营商	上行（MHz）	下行（MHz）	网络制式
中国移动	889～909	934～954	GSM900
	1710～1735	1805～1830	GSM1800
	1885～1920		TD-SCDMA/TD-LTE
	2010～2025		TD-SCDMA
	2320～2370		TD-SCDMA/TD-LTE
	2575～2635		TD-LTE
中国联通	909～915	954～960	GSM900/WCDMA/LTE FDD
	1735～1750	1830～1845	GSM1800/LTE FDD
	1750～1765	1845～1860	LTE FDD
	1940～1965	2130～2155	WCDMA/LTE FDD
	2320～2370		TD-LTE
	2555～2575		TD-LTE
中国电信	825～835	870～880	CDMA/LTE
	1765～1785	1860～1880	LTE FDD
	1920～1940	2110～2130	CDMA2000/LTE FDD
	2635～2655		TD-LTE

图 2-3　5G 频谱运营商分配现状

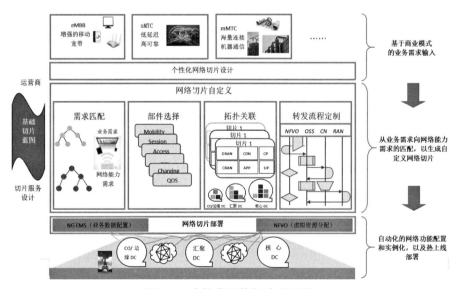

图 2-4　个性化网络切片流程图

网络功能虚拟化（Network Function Virtualization，NFV）是实现网络切片的先决条件（图 2-5）。NFV 就是将网络中专用设备的软硬件功能（比如核心网中的 MME、S/P-GW 和 PCRF，无线接入网中的数字单元 DU 等）转移到虚拟主机（Virtual Machines，VMs）上。网络经过功能虚拟化后，无线接入网部分叫边缘云（Edge Cloud），而核心网部分叫核心云（Core Cloud）。边缘云中的 VMs 和核心云中的 VMs，通过 SDN（软件定义网络）互联互通。

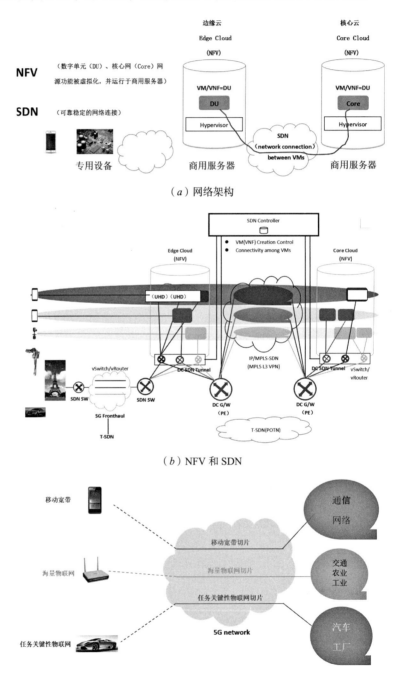

（a）网络架构

（b）NFV 和 SDN

（c）5G 网络切片划分场景

图 2-5　网络功能虚拟化（Network Function Virtualization，NFV）

接入网和承载网是最值得关注的。5G 公网需要建设数量和规模非常庞大的基站和光纤通信网络。光纤通信虽然在接入网、承载网、核心网里都有用到，但主要是用在承载网（图 2-6）。

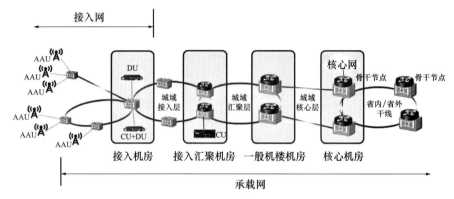

图 2-6　5G 接入网和承载网

5G 基站主设备 CU 和 DU 里面是大量电路板、电子元器件、芯片，作用是做协议处理和运算。射频器件是基站的重要组成部分，包括滤波器等。

基站除了主设备之外，还有大量的配套设备，例如机房电源、蓄电池、空调、安防监控甚至一体化站房和铁塔等，都有各自的细分产业链。

光通信产业链除了是 5G 产业链的重要组成部分之外，也是固网宽带接入产业链和数据中心产业链的重要组成之一（图 2-7）。承载网产业链几乎等同光通信产业链。光纤是有线传输数据的最佳（唯一）选择。光通信一般包括光纤光缆、光模块和光通信主设备。光模块主要由光芯片、光组件、PCB 等组成。主要价值集中在光芯片。光芯片基本上中低端都实现了国产化，但利润率不高。高端光芯片（100G 及以上）的技术目前更多是掌握在国外厂家手中，国内厂商正在加紧追赶。

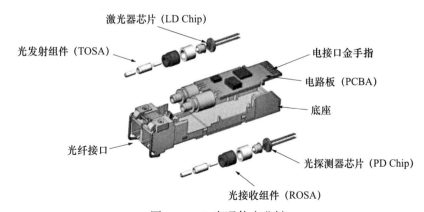

图 2-7　5G 光通信产业链

5G 核心网采用了虚拟化技术，硬件上已经全面采用了通用服务器，所以硬件上的产业链基本上与数据中心通用 x86 服务器的产业链一样。

5G 承载网引入资源池云化、控制平面 / 用户平面分离等新架构，解决传输侧对 5G 不同应用场景的支撑问题。

传统网络结构中，网元具备完整的功能，每个网元需要单独进行配置，网元间关系相对刚性。5G 三大应用场景对网络性能要求各不相同，因此 5G 时代网元功能解耦，控制平面保留在核心网层面，城域网、回传网和接入侧前传网的网元只进行用户平面数据的转发和处理，网元之间资源可以灵活调配，实现不同的网络功能。

通信网络更加去中心化，需要在网络边缘部署小规模或者便携式数据中心，进行终端请求的本地化处理，以满足 URLLC 和 mMTC 的超低延时需求，边缘计算是 5G 核心技术之一。5G 的三大典型应用场景对网络性能的要求有显著差异，但为控制成本，运营商必然选择一张承载网＋网络切片 / 边缘计算技术，实现在最少的资本投入下最丰富的网络功能。在 5G 时代，承载网的带宽瓶颈、时延抖动等性能瓶颈难以突破，引入边缘计算后将大量业务在网络边缘终结。

边缘计算技术是解决不同应用带来的多样化网络需求的核心技术之一，在靠近接入网的机房增加计算能力。边缘计算技术的优点是：大幅降低业务时延；减少对传输网的带宽压力，降低传输成本；进一步提高内容分发效率，提升用户体验。

传统网络结构中，信息的处理主要位于核心网的数据中心机房内，所有信息必须从网络边缘传输到核心网进行处理之后再返回网络边缘。5G 时代，传输网架构中引入边缘计算技术，在靠近接入侧的边缘机房部署网关、服务器等设备，增加计算能力，将低时延业务、局域性数据、低价值量数据等在边缘机房进行处理和传输，不需要通过传输网返回核心网，进而降低时延、减少回传压力、提升用户体验。

为实现边缘计算，需要在更底层的网络节点增加计算和转发能力。运营商将在现有网络结构上平滑演进，最终实现低层网络节点计算能力的全面覆盖，边缘计算能力持续提升。

传统的计算场景都有经典基准测试集（benchmark），如：并行计算场景中的 PARSEC、高性能计算场景中的 HPCC、大数据计算场景中的 BigDataBench。对于边缘计算场景，业界仍然没有一个比较权威的用于评测系统性能的 Benchmark 出现。学术界的探索工作如下：SD-VBS 和 MEVBench 均是针对移动端设备评测基于机器视觉负载的基准测试集，针对不同异构硬件提供 C++、

OpenMP、OpenCL 和 CUDA 版本的实现。CAVBench 是第一个针对智能网联车边缘计算系统设计的基准测试集，其选择 6 个智能网联车上的典型应用作为评测，并提供标准的输入数据集和应用 - 系统匹配指标。由于边缘计算场景覆盖面广，短期来看不会出现一个统一的基准测试集可以适应所有场景下的边缘计算平台，而是针对每一类计算场景会出现一个经典的基准测试集，之后各个基准测试集互相融合借鉴，找出边缘计算场景下的若干类核心负载，最终形成边缘计算场景中的经典基准测试集。

边缘计算系统具有碎片化和异构性的特点。在硬件层面上，有 CPU、GPU、FPGA、ASIC 等各类计算单元；在软件系统上，针对深度学习应用，有 TensorFlow、Caffe、PyTorch 等各类框架。不同的软硬件及其组合有各自擅长的应用场景。开发者要选用合适的软硬件产品以满足自身应用的需求。在软硬件选型时，既要对自身应用的计算特性做深入了解，从而找到计算能力满足应用需求的硬件产品，又要找到合适的软件框架进行开发，同时还要考虑到硬件的功耗和成本在可接受范围内。因此，设计并实现一套能够帮助用户对边缘计算平台进行性能、功耗分析并提供软硬件选型参考的工具十分重要。在云计算场景下，任务调度的一般策略是将计算密集型任务迁移到资源充足的计算节点上执行。但是在边缘计算场景下，边缘设备产生的海量数据无法通过现有的带宽资源传输到云计算中心进行集中式计算，且不同边缘设备的计算、存储能力均不相同，因此边缘计算系统需要根据任务类型和边缘设备的计算能力进行动态调度。调度包括 2 个层面：云计算中心和边缘设备之前的调度；边缘设备之间的调度。

云计算中心与边缘设备间的调度分为 2 种方式：自下而上和自上而下。自下而上是在网络边缘处将边缘设备采集或者产生的数据进行部分或者全部的预处理，过滤无用数据，以此降低传输带宽；自上而下是指将云计算中心所执行的复杂计算任务进行分割，然后分配给边缘设备执行，以此充分利用边缘设备的计算资源，减少整个计算系统的延迟和能耗。

在边缘云之上，MEC 技术主要是指通过在靠近无线接入侧部署通用服务器，从而为无线网络提供 IT 和云计算的能力，使应用、服务和内容可以实现本地化、近距离、分布式部署，从而促使无线网络具备低时延、高带宽的传输能力，降低回传带宽需求，从而减少运营成本。同时，MEC 定义了完整的网络和第三方应用的双向通信的 API 通信机制，例如无线网络可以把无线网络上下文信息（位置、网络负荷、无线资源利用率等）通过 API 开放给第三方业务应用，有效提升了移动网络的智能化水平，促进网络和业务的深度融合。

MEC 应用场景根据不同的业务特征，主要可以分为以下两种类型：一种是本地化业务，包括本地业务的缓存和融合，典型的场景包括企业园区网络，或者 AR/VR 业务扩展；一种是垂直行业的拓展，典型的场景包括车联网、工业互联网等。为了更好地支持新的业务，同时发掘现有的网络能力增值，MEC 的场景中也需要考虑更精准的室内导航、平台开发和应用集成等。

分布式云可以由中心云和边缘云构成，其中边缘云又可以细分为地市、区县以及接入（图 2-8）。中心云定位为大脑和中枢，主要承载控制 / 管理以及集中化的媒体面网元；边缘云主要承载分布式部署的用户面 / 媒体面网元以实现流量快速卸载，以及实时性要求较高的网元，优化用户体验，例如高清视频、车联网、VR/AR 等业务。

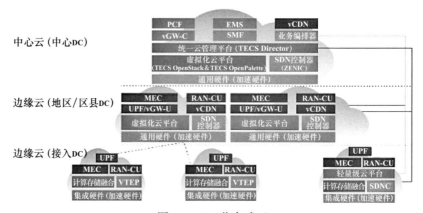

图 2-8　5G 分布式云

ETSI 与 3GPP 对于 MEC 的定义：欧洲电信标准协会 ETSI 在 2014 年成立移动边缘计算（MEC，Mobile Edge Computing）工作组并推动相关标准化工作，在 2016 年，ETSI 将此概念从移动通信网络延伸至其他无线接入网络（如 WiFi），拓展为多接入边缘计算（Multi-access Edge Computing）。

3GPP 标准组织在 5G 架构中亦考虑了网络边缘的接入和分流，5G 核心网中设计了用户面的分布式边缘下沉网元 UPF。

多接入边缘计算 MEC 的典型架构如图 2-9 所示。

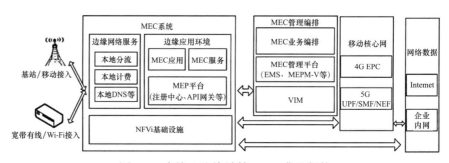

图 2-9　多接入边缘计算 MEC 典型架构

ETSI MEC 旨在多接入网络边缘为应用开发商与内容提供商搭建一个云化计算与 IT 服务平台，并通过该平台开放网络信息与能力服务，实现高带宽、低时延业务支撑与本地管理，是目前业界公认的边缘计算系统标准化组织。

当运营商利用 MEC 系统开展边缘业务时，有两种主流运营模式。一是运营商直接运营包括边缘应用在内的 MEC 系统，并向终端用户直接提供边缘业务。二是运营商将 MEC 系统作为 PaaS 平台提供给第三方应用，并由第三方应用提供商向终端用户运营边缘业务。在 System level，OSS 让运营商可以触发 App 运维管理和控制操作，并决定是否授权 App 实例化请求。Multi-access edge orchestrator 管理 MEC 系统拓扑，负责 App 包加载和 App 实例部署位置编排，并触发 App 实例化和实例终止。在 Host level，MEC 主机为 App 运行提供 VIM 管理的虚拟化基础设施。MEC platform 让 App 可以发现、通知、消费其中的边缘服务，注册第三方服务，以及基于分流策略和 DNS 配置控制 Data Plane 规则。MEC platform manager 则负责 App 生命周期管理、性能统计、服务授权、分流策略与 DNS 配置等应用规则管理，并负责 MEC platform 基本运维管理。

ETSI 与 3GPP 对于 MEC 系统架构特征的定义：

边缘云由于其位置、规模以及环境的特殊性，在技术上具备以下特征：

部署于地市、区县以及基站的边缘云，由于环境的限制（空调、承重、电源等），多采用定制化的多节点服务器或者计算、存储、网络一体集成硬件，这类硬件采用通用 X86 架构，具备高环境适应性，在机箱高度、深度方面实现了最小化设计，通常采用前维护方式，拥有高集成度、低设备能效的特点，匹配现网电信机房条件，减少对机房改造的需求。

随着 5G 业务的到来，边缘云资源池必然从单一类型虚机 / 裸机资源池向虚机 / 裸机、容器多种资源池并存方向演进。OpenStack/Kubernetes 双核技术统一了网络、存储以及安全等底层技术，同时实现虚机 / 容器的统一编排管理，大大提升了资源分配灵活性、资源利用率以及管理效率。

边缘云通常在 X86 处理器基础上配置 FPGA、GPU 等协处理器（加速卡）以满足网络高转发的要求，因此最新的 ETSI NFV 架构也将硬件加速引入到 NFV 架构之中，增加了加速资源虚拟化能力，将加速器进行抽象，以逻辑加速资源的方式呈现，统一提供全面的加速服务。

随着底层技术的不断革新，新的应用和商业模式不断推陈出新。科技端与应用端是相互促进、相互赋能的关系。应用的成熟及新应用的涌现，对网络技术和能力又提出更高的要求。5G 面向的三大应用场景，未来将催生大量不同应用，对网络性能产生更高要求。

基于 5G 的分布式云基础设施，在边缘侧云化构建 5G 用户面和 5G MEC 节点。5G MEC 节点提供 MEC 应用平台第三方应用，同时提供公共服务给第三方应用进行调用。MEC 节点之间互相协同，支持应用移动时上下文的交换，保证业务的连续性。

中心侧提供能力开放功能，对第三方用户和第三方应用开放网络能力（如无线负荷、位置、带宽等）。位于中心侧的策略调度功能综合应用的健康状况、负载状况、网络状况等信息，动态地创建／删除第三方应用实例，动态地给出边缘用户面功能选择策略，实现网络与业务的最佳协同。

采用分层的管理／编排架构，位于中心侧的管理／编排功能是第三方应用管理和编排的统一入口，由它来选择在哪个或哪些边缘位置部署应用。边缘侧的管理／编排功能则对实际的资源分配和应用部署进行管理。

2.1.2　5G 标准

国际电信标准分为 1G/2G/3G/4G。3G 标准 2002 年发布，4G 标准 2012 年发布。2020 年 5G 在中国商用，世界范围 5G 标准在 2019 年发布。2019 年底发布 R16，R16 标准在 R15 的基础上，进一步增强网络支持移动宽带的能力和效率，重点提升对垂直行业应用的支持，特别是对低时延高可靠类业务以及物联网类业务的支持（图 2-10，图 2-11）。

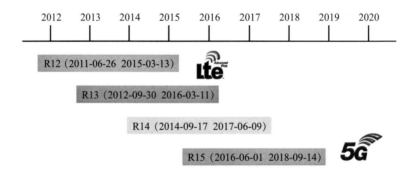

图 2-10　5G 标准制定过程

	2G	3G IMT-2000	4G IMT-Advanced	5G IMT-2020
	~1990	~2000	~2010	~2020
3GPP	GSM	TD-SCDMS WCDMA	TD-LTE及增强 FDD LTE及增强	5G
3GPP2	IS-95	cdma2000		全球统一
IEEE		802.16e	802.16m	

图 2-11　5G 标准发展历程

5G 标准由诸多技术组成，编码是核心技术。在 5G 相关标准中，世界各大阵营一度就信道编码标准竞争激烈。2016 年，中国通信企业力推的 Polar 成为控制信道编码。这是中国在信道编码领域首次突破，为中国在 5G 标准中争取较以往更多的话语权奠定了基础。2016 年 11 月 18 日，在美国内华达州里诺的 3GPP RAN1#87 次会议上，经过与会公司代表多轮技术讨论，国际移动通信标准化组织 3GPP 最终确定了 5G eMBB（增强移动宽带）场景的信道编码技术方案，其中，Polar 码作为控制信道的编码方案；LDPC 码作为数据信道的编码方案（图 2-12）。

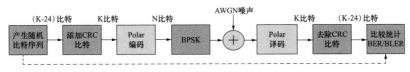

图 2-12　Polar 码算法性能仿真链路框图

我们目前使用的 5G 规范是 5G R15 标准，该标准于 2018 年冻结。5G R15 标准的目标是以最快的速度提供"能用"的标准，实现 5G 的基本功能。5G R16 则实现了从"能用"到"好用"的转变，围绕新能力拓展、已有能力挖潜、运维降本增效三大方面，进一步增强了 5G 的服务应用能力，提高了 5G 的效率。2020 年 7 月 3 日，国际标准组织 3GPP 官方宣布，5G R16 标准规范已经冻结。这是 5G 的第一个演进版本，也是 3GPP 史上第一个通过非面对面会议审议完成的技术标准。R16 标准不仅增强了 5G 的功能，使之进一步走入各行各业、催生新的数字生态产业，还更多地考虑了成本、效率、能效等因素，可以使通信基础投资发挥更大的效益。面向工业互联网，5G R16 引入新技术，支持 1μs同步精度、0.5～1ms 空口时延、99.9999%（6 个 9）可靠性、灵活的终端组管理，最快可以实现 5ms 以内的端到端时延，提供支持工业级的时间敏感。面向车联网，5G R16 支持 V2V（车与车）、V2I（车与路边单元）直连通信，通过引入组播、广播等多种通信方式，优化感知、调度、重传、车车间连接质量控制等技术，实现 V2X 支持车辆编队、半自动驾驶、外延传感器、远程驾驶等更丰富的车联网应用场景。面向行业应用，5G R16 引入了多种 5G 空口定位技术，定位精度提高 10 倍以上，达到了米级。R15 的一些基础功能也在 R16 中得到了持续增强，比如显著提升小区边缘频谱效率、切换性能、终端更省电等。

2.1.3　5G 应用

除了消费互联网之外，5G 更重要的应用领域是产业互联网。5G 网络的主要服务对象并不是手机用户，而是行业用户。5G 正渗透到各行业，如图 2-13～图 2-15 所示。在云计算场景下，不同行业的用户都可将数据传送至云计算中心，然后交由计算机从业人员进行数据的存储、管理和分析。云计算中心将数据抽象并提供访问接口给用户，这种模式下计算机从业人员与用户行业解耦合，他们更专注数据本身，不需对用户行业领域内知识做太多了解。但是在边缘计算的场景下，边缘设备更贴近数据生产者，与垂直行业的关系更为密切，设计与实现边缘计算系统需要大量的领域专业知识。

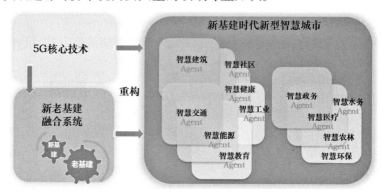

图 2-13　5G 促进新老基建融合发展

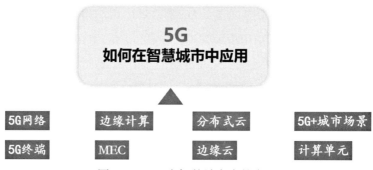

图 2-14　5G 在智慧城市中的应用

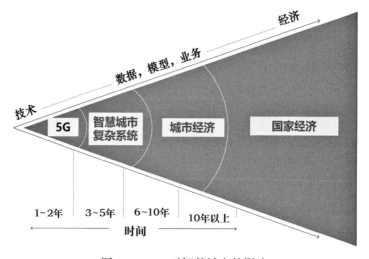

图 2-15　5G 对智慧城市的影响

2.2　边缘计算

边缘计算是一个分布式计算的范式，正如云计算也是一个分布式计算的范式。由于行业、技术背景等不同，边缘计算在不同人眼里是有一定差异的（图 2-16）。

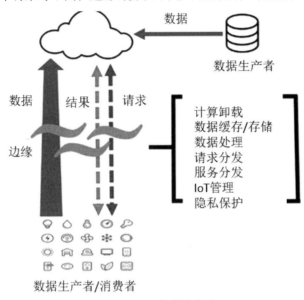

图 2-16　边缘计算范式

2.2.1　定义

边缘计算的不同定义如下：

定义 1：ETSI MEC ISG 标准委员会的董事 Alex Reznik，给了一个宽泛的定义：任何不是传统数据中心的都可以成为某个人的边缘节点。

定义 2：靠近最后一公里网络的服务器。根据这个定义，贴近终端用户的服务器设备都算，例如靠近企业的微数据中心、基站内部署的容器化的边缘计算服务器等、CDN 服务器、贴近游戏用户的游戏加速服务器等。

定义 3：Gamelet 论文定义边缘节点是距离移动端用户一到两个 hop，能够满足实时游戏的响应时间约束。Gamelet 系统基本上是一个分布式 micro-cloud 系统，像计算密集的任务如游戏模拟和渲染都卸载到 Gamelet 边缘计算节点，这些节点距离移动端用户只有几跳。这个定义，是从游戏的延迟响应的角度来看的。例如微软的 xCloud 就可以归为这一类。

定义 4：Philip Laidler 认为边缘计算是在用户端设备（CPE，Costumer Premise Equipment）上运行的工作负载。也有些人根据面向的用户类型，分别称之为用户端边缘计算、企业端边缘计算或设备端边缘计算。这个定义覆盖了用户、企业和物联网设备的各种场景。

定义 5：边缘计算另外一个内涵更为窄的定义是：包括任何类型的计算机程序，通过更贴近请求侧来交付低延迟。定义只关注了低延迟，范围太窄，把边缘层机器学习、车联网 V2X 之类排除在外。CDN、游戏加速、物联网实时流处理都符合这个定义。

定义 6：Karim Arabi，在 IEEE DAC 2014 Keynote 中，以及 2015 年的 MIT 的 MTL Seminar 的受邀演讲中，宽泛地定义边缘计算为云之外的在网络的边缘侧的所有计算，更具体的定义是云之外的需要实时数据处理的应用程序。定义关注的是实时性。云计算处理的是大数据，而边缘计算处理的是 Instant Data，传感器或用户产生的实时数据。

定义 7：在 *Edge Computing*：*A Primer* 一书中，边缘计算的定义是任何在数据源和云数据中心之间的计算和网络资源。这个定义把数据源和云之间的所有设备都看成边缘计算设备。例如智能手机是 body things 和云之间的边缘计算设备，智能家居的网关是 home things 和云之间的边缘计算设备，微数据中心 MDC 和 Cloudlet 是移动设备和云之间的边缘计算设备。

2.2.2　数据特点

大数据的核心特点是 3V：Velocity（速度）、Variety（多样）、Volume（容量）。速度分为：实时、近实时、周期性、批处理、离线。多样分为：Things、Web/ 视频 / 社交、文本 / 音频 / 照片、数据库、表格。容量分为：ZB、EB、PB、TB、GB。未来边缘计算节点多了后，就会有大量数据在现场处理。

2.2.3　云计算和雾计算对比

根据这些定义，可以提炼出边缘计算的重要关键字：Edge、Cloud、thing、Low latency、Real-Time、Container、Streaming、Offloading、Hybrid cloud edge environment、Last Mile Network、close proximity。

边缘计算中，数据是在贴近设备侧处理的。比如传感器的数据通过串口传输到直连的网关内，进行分析处理。雾计算中，数据处理是在局域网中或连在局域网上的硬件进行处理的。因此，雾计算的数据是在局域网的网关或者雾计算节点上进行的。边缘计算的计算靠近数据源。边缘计算更关注物，而雾计算更关注现场的网络基础设施。边缘计算将智能放在设备侧，而雾计算是放在局域网内。

边缘计算的优点：低延迟，提高响应速度；在本地进行实时数据处理；因数据量分散到不同节点，更低的运维成本；因传输的数据更少，更低的网络流量。

2.2.4 边缘计算框架

EdgeX 的架构与 Thingworx Edge SDK 或者 Azure IoT Edge SDK 这些单体程序不同。后者把所有功能都放在一个程序中运行。而 EdgeX 把边缘计算的任务分到若干个软件模块上完成。每个软件模块负责一个功能内聚的任务。不同软件模块之间通过预先定义好的 API 接口进行交互（图 2-17）。

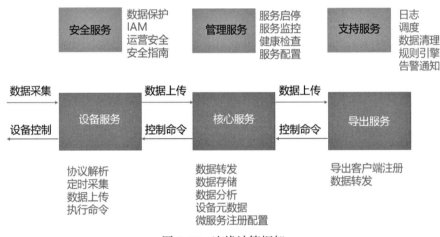

图 2-17　边缘计算框架

设备服务负责采集数据及控制设备功能。核心服务负责本地存储分析和转发数据，以及控制命令下发。导出服务负责上传数据到云端或第三方信息系统，以及接收控制命令转发给核心服务。支持服务负责日志记录、任务调度、数据清理、规则引擎和告警通知。

安全服务、管理服务这两个软件模块虽然不直接处理边缘计算的功能性业务，但是对于边缘计算的安全性和易用性来说很重要。不同服务之间主要采用 RESTful API 接口进行交互。但是有的服务之间为了提高性能，通过消息总线交换数据。EdgeX 可通过 Docker 等工具部署服务。不同服务可以在同一个计算节点上运行，也可以在不同计算节点上运行。

由于采用了微服务风格架构，不同服务可以用不同语言开发，如 Java、Go、C 语言等。EdgeX Foundry 是一个开源微服务的集合。EdgeX 采用微服务风格架构，使用 RAML 这一 RESTful API 建模语言定义了上述 6 个服务的 API 接口。

这些微服务组织为 4 个服务层和 2 个增强系统服务（图 2-18）。4 个服务层是：核心服务层 Core Services Layer、支持服务层 Supporting Services Layer、导出服务层 Export Services Layer 和设备服务层 Device Services Layer。2 个增强基础服务：安全服务和系统管理服务。

EdgeX
微服务
框架
功能服务
增强基础
服务
核心服务
设备服务
支持服务
导出服务
安全服务
系统管理服务

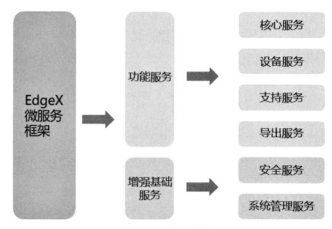

图 2-18　微服务框架

各服务内又包含若干个更细粒度的服务（图 2-19）。

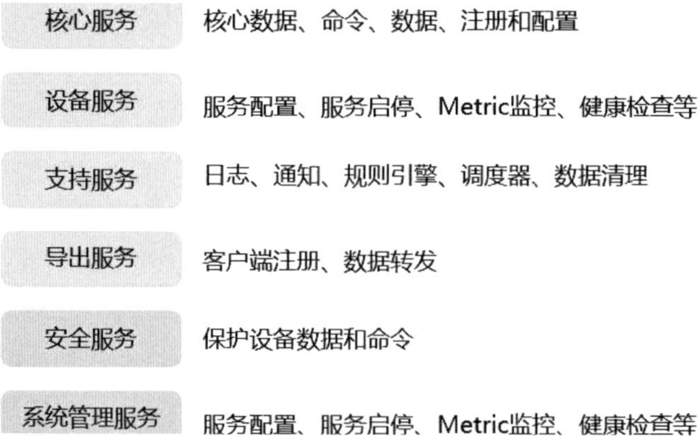

核心服务
核心数据、命令、数据、注册和配置
设备服务
服务配置、服务启停、Metric监控、健康检查等
支持服务
日志、通知、规则引擎、调度器、数据清理
导出服务
客户端注册、数据转发
安全服务
保护设备数据和命令
系统管理服务
服务配置、服务启停、Metric监控、健康检查等

图 2-19　更细粒度的服务

EdgeX 的总体数据流如下：Device Service 从设备采集实时数据。Device Service 把设备的实时数据发送给 Core Service，并本地持久化存储。Core Service 把实时数据发送给 Export Service，由后者再发送到云端服务器或企业信息系统。数据在边缘侧的分析软件中进行分析，然后根据分析结果通过 Command Service 发送控制命令触发设备动作。

EdgeX 的部署模式如图 2-20 所示。

由于 Tenet3（存储转发）和 Tenet4（智能分析），系统集成商可以在离线断网的情况下，进行存储转发。同时在边缘侧进行分析，降低项目流量成本和云端存储成本。

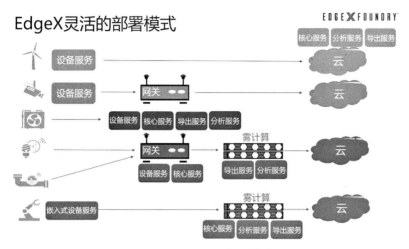

图 2-20　EdgeX 部署模式

2.3　大数据中心

我国互联网行业发展迅速，政策支持、技术升级及商业模式的创新进一步推动数据中心发展，数据流量迎来爆发式增长，促使数据中心行业快速发展。2019 年中国数据中心产业市场规模预计将达 1561 亿元，产业分工明确，全方面合作，差异化需求显现，产业分工逐渐明确。我国云计算和 IDC 行业发展较美国处于早期，IDC 行业供需缺口仍较大，整体来看我国 IDC 市场增长潜力十足，成长空间较大，预计 2022 年市场规模将达 3482 亿元。

我国重点发展的各大新兴产业，如人工智能、远程医疗、工业互联网等，均需要以数据中心作为产业支撑。数据中心行业应用广泛，上下游产业链条完整（表 2-1）。IDC 产业链主要由上游基础设施、中游 IDC 专业服务及相关解决方案（云服务商为主）和下游最终用户构成。

大数据中心产业链　　　　　　　　　　　　表 2-1

	产业链	细分产业链
大数据中心	基础设施	IT 设备、电源设备、制冷设备、油机、动环监控
	IDC 专业服务	IDC 集成服务、IDC 运维服务
	云服务商	运营商、云计算厂商、第三方服务商
	应用厂商	互联网行业、金融行业、传统行业（如能源等）、软件行业

时下的经济环境，让企业更加关注投入产出率，更加严格地控制预算和成

本。而"绿色"、"减碳"也已成为企业不可忽视的名词，随着绿色科技的概念全面性地进入消费者与企业环境中，过去只讲求"生产力""效率"的数据中心，或俗称的机房，也无法免于这股趋势。绿色数据中心成为总体趋势。

数据中心优化的 5 个途径如下：

（1）软件定义技术（SDX）及虚拟化。近年来，软件定义技术得到了高度的关注（包括网络、存储等多个方面），甚至已发展到软件定义数据中心的层次，关键层的抽象等级更决定了数据中心的运行效率。新的网络虚拟化等级允许管理员建立更广阔的网络环境，实现跨区域的数据中心部署。机构也不再受限于硬件需求，他们通过软件定义技术交付多级别不同效率的数据中心。

（2）云计算利用。混合云被关注的原因有很多，其中之一就是通过云模式增加数据中心效率。数据中心的云化更成为许多机构的角力点，激烈的竞争让数据中心可以交付更完美、更廉价及更丰富的可用资源，这一切都意味着建立公有云和私有云之间的桥梁已变得更加容易，横跨不同云环境的数据中心控制已成为可能，管理员也不必再去关心物理基础设施。

（3）优化资源使用率。随着网络的升级，许多企业都转向偏远地区建立数据中心。为了优化能源使用率，必须考量数据中心的电力分配系统，关注服务器空闲时的耗电情况，选用根据需求进行动态分配的电力管理系统，而选择合理的电力分配方法无疑可从整体上提高数据中心能效。良好的监视、维护及电力管理将让你收获一个很理想的 PUE。

（4）优化冷却及其他数据中心环境变量。数据中心环境控制一直是个艰巨的挑战，过冷和过热都会造成能源的加剧消耗及气流的循环不畅。在数据中心环境优化环节中有多个关键点，其中包括机架的摆放、服务器的密度、地板、走道等。此外，还需要使用趋势分析系统计算当下和未来的需求。运营成本已成为数据中心优化的重点之一，环境运营上花的钱越少，基础设施上可投入的资金越多。

（5）建立管理透明性。随着数据中心分布更加广泛及云计算的深度运用，新时代的数据中心也迎来了新的挑战，而透明管理则成为克敌制胜的良策。当下，数据中心虚拟化，甚至是 DCOS 已为大家广泛接受，这些管理平台让DCIM、自动化、云控制及其他数据中心服务进入了新的篇章。从根本上说，这些新型管理系统将数据中心所有关键组件放到了一个共同的管理环境。

3 新基建之融合基础设施：轨道交通 智慧建筑 智慧能源

本章重点论述新基建中的融合基础设施：轨道交通、智慧建筑、智慧能源。这些融合基础设施本身也正好是智慧城市的核心板块，是城市智慧基础设施，也是传统城市市政工程的智慧化提升。

3.1 轨道交通

3.1.1 政策导向

城市轨道交通是现代化都市的重要基础设施，它安全、迅速、舒适、便利地在城市范围内运送乘客，最大限度地满足市民出行需要。在城市各种交通工具中，具有运送量大、速度快、安全可靠、污染低、受其他交通方式干扰小等特点，对改变城市交通拥挤、乘车困难、行车速度下降是行之有效的。城市轨道交通也是现代化都市所必需的交通工具。

2020 年 4 月 3 日，国家发展改革委印发《2020 年新型城镇化建设和城乡融合发展重点任务》的通知（发改规划〔2020〕532 号），有如下轨道交通相关内容：大力推进都市圈同城化建设。深入实施《关于培育发展现代化都市圈的指导意见》，建立中心城市牵头的协调推进机制，支持南京、西安、福州等都市圈编制实施发展规划。以轨道交通为重点健全都市圈交通基础设施，有序规划建设城际铁路和市域（郊）铁路，推进中心城市轨道交通向周边城镇合理延伸，实施"断头路"畅通工程和"瓶颈路"拓宽工程。支持重点都市圈编制多层次轨道交通规划。

3.1.2 轨道交通系统组成

轨道交通又分为两大类：城际轨道交通和城市轨道交通。

城际轨道交通包括高速铁路、货运铁路运输。例如：日本新干线、京沪高速铁路项目等。在我国，城际轨道交通主要包括：

（1）京津冀城际轨道交通网；

（2）长江三角洲城际轨道客运专线；

（3）珠三角城际轨道交通网。

城市轨道交通包括地铁、市郊铁路、轻轨、单轨、导轨、线性电机牵引的轨道交通、有轨电车7种。其中市郊铁路、地铁、轻轨和有轨电车应用最广泛，线性电机牵引系统最有发展前途。

一般地铁车辆有以下主要部分：

（1）车体

（2）动力转向架和非动力转向架

（3）牵引缓冲连接装置

（4）制动装置

（5）受流装置

（6）车辆内部设备

（7）车辆电气系统

城轨建设配套装备主要包括：

（1）通信设备

（2）供电设备

（3）环境控制与车站设备

（4）运输管理组织

轨道交通专业知识领域（用圆环表示，以圆中心为核心，每一外环代表一类知识领域）和知识单元（用文字表示）的关系如图3-1所示。

在城市轨道交通系统中，信号系统是一个集行车指挥和列车运行控制为一体的非常重要的机电系统。地铁信号系统的核心是列车自动控制（ATC）系统。它由计算机联锁子系统（CBI）、列车自动防护（ATP）子系统、列车自动驾驶（ATO）子系统、列车自动监控（ATS）子系统构成。各子系统之间相互渗透，实现地面控制与车上控制相结合、现地控制与中央控制相结合，构成一个以安全设备为基础，集行车指挥、运行调整以及列车驾驶自动化等功能为一体的自动控制系统。它是现代城市轨道交通核心控制技术之一（图3-2）。

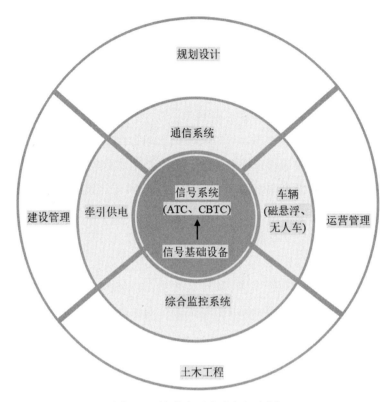

图 3-1 轨道交通专业知识领域

ATS 系统	监控作用，相当于控制中心本身 功能：收集，绘画列车运行信息；指挥列车运行，包括进路安排； 调整列车运行
ATP 系统	防护作用 功能：监督列车运行速度，检查列车位置；监督车门和屏蔽门开关；道岔区段检查进路安全
ATO 系统	自动运行 功能：自动运行；定点停车；开关车门

图 3-2 ATS、ATP、ATO 系统功能

3.1.3 CBTC 系统

3.1.3.1 系统组成和基本原理

CBTC 系统（Communication Based Train Control System）：基于无线通信与计轴的列车自动控制系统。列车通过轨道上的应答器确定列车绝对位置。轨旁 CBTC 设备根据各列车的当前位置、运行方向、速度等要素，向所管辖的列车发送"移动授权条件"，即向列车传送运行的距离、最高的运行速度，从而保证列车间的安全间隔距离。特点是用无线通信媒体来实现列车和地面设备的双

向通信，用以代替轨道电路作为媒体来实现列车运行控制。

CBTC 的突出优点是可以实现车—地之间的双向通信，并且传输信息量大，传输速度快，很容易实现移动自动闭塞系统，大量减少区间敷设电缆，减少一次性投资及减少日常维护工作，可以大幅度提高区间通过能力，灵活组织双向运行和单向连续发车，容易适应不同车速、不同运量、不同类型牵引的列车运行控制等。在 CBTC 中不仅可以实现列车运行控制，而且可以综合成为运行管理，因为双向无线通信系统既可以有安全类信息双向传输，也可以双向传非安全类信息，例如车次号、乘务员班组号、车辆号、运转时分、机车状态、油耗参数等大量机车、工务、电务有关信息。

利用 CBTC 既可以实现固定自动闭塞系统（CBTC-FAS），也可以实现移动自动闭塞系统（CBTC-MAS）。CBTC 的关键技术是双向无线通信系统、列车定位技术、列车完整性检测等。在双向无线通信系统中，在欧洲是应用 GSM-R 系统，但在美洲则用扩频通信等其他种类无线通信技术。列车定位技术则有多种方式，例如车载设备的测速-测距系统、全球卫星定位、感应回线等。

CBTC 系统主要包括：列车自动监控系统（Automatic Train Supervision, ATS）、区域控制器（ZC）、计算机联锁系统（Computer Interlocking, CI）、车载控制器（Vehicle On Board Controller, VOBC）、数据存储单元（Data Saving Unit, DSU）、轨旁设备（Way side Equipment, WE）、数据通信系统（Data Communication System, DCS）等。CBTC 系统结构如图 3-3 所示。

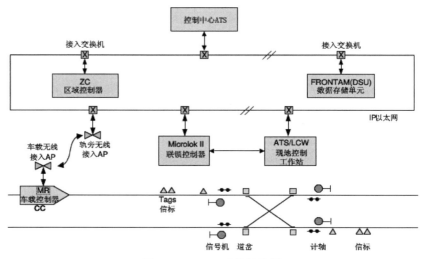

图 3-3　CBTC 系统结构图

1. ZC 子系统

ZC 从 VOBC，CI，ATS 和 DSU 接收各种状态信息和数据信息，并对这些信息进行处理，为辖区内的列车计算移动授权（Movement Authority，MA），并通过无线局域网（Wireless Local Area Network，WLAN）发送给列车，控制列车安全运行。

2. VOBC 子系统

在 VOBC 子系统中，列车的位置和运行方向信息在保证列车安全运行中作用重大，列车定位方式采用测速传感器和地面应答器相结合的方式实现。

3. DCS 数据通信系统

数据通信系统采用无线局域网 WLAN 技术，通过沿线设无线接入点（Access Point，AP）的方式实现列车与地面之间不间断的数据通信。一个 AP 点可以传输几十千米的距离。

4. DSU 系统

城市轨道交通 CBTC 系统中，列车不是通过轨道电路来定位的，而是通过安装在车轮上的测速传感器来实现的，为了实现系统的调度和协调统一，就要求列车和地面共用一个数据库。要实现整个数据库的管理就需要数据存储单元 DSU 来实现，这个数据库存储了列车与地面的各种信息，其中有静态数据库，也有动态数据库。ZC 功能的实现就需要不断调用数据库中的数据。因此，数据库中数据的安全是很重要的，在 CBTC 系统中通过冗余的方式来保证数据库中数据的安全。

CBTC 系统是指通过 WLAN 的方式实现列车和地面间连续通信的列车控制系统。系统的核心部分为轨旁和车载两部分。

列车通过机车上的测速传感器和线路上的应答器来得到列车的实时位置。应答器在线路的固定位置设置，列车每经过一个应答器就会在数据库中查找其位置，从而得到列车的精确位置，列车的实时速度是通过测速传感器获得的，速度对时间的积分获得列车的相对位移，每经过一个应答器的实际位置加上该应答器的相对位移就可以实时获得列车的准确位置。VOBC 将列车的准确位置通过 WLAN 发送给轨旁设备，实现列车对地面设备的通信。

轨旁的核心设备是区域控制器 ZC，它负责管理运行在其管辖范围内的所有列车。ZC 接收 VOBC 发送过来的列车位置、速度和运行方向信息，同时从联锁设备获得列车进路、道岔状态信息，从 ATS 接收临时限速信息，再考虑其他一些障碍物的条件计算 MA，并向列车发送，告诉列车可以走多远、多快，从而保证列车间的安全行车间隔。

由于 CBTC 系统能够精确知道列车的位置，"速度-距离模式曲线（Distance to go）"是其对列车的控制原则。事实上，不管是 CBTC 系统还是传统意义上的由轨道电路完成列车控制的系统，其控车原则都很相似，只不过 CBTC 系统对列车位置的把握准确度更高，对列车控制的准确度也会更高，基于轨道电路的系统，移动授权是轨道区段长若干倍，而 CBTC 系统，移动授权更精确。正是 CBTC 系统能够更精确地控车，才有效缩短了列车追踪间隔，使运行效率大大提高。

3.1.3.2 关键技术

1. 移动闭塞技术

移动闭塞是基于区间自动闭塞原理发展起来的一种新型闭塞技术，是实现CBTC 的关键技术之一。移动闭塞与固定闭塞相比，具有诸多技术优点，最显著的特点是取消了地面信号机分隔的固定闭塞区间。列车间的最小运行间隔距离由列车在线路上的实际运行位置和运行状态确定，闭塞区间随着列车的行驶不断地移动和调整，故称为移动。城市轨道交通列车运行控制系统未来的发展方向是 CBTC，而移动闭塞技术代表了未来闭塞制式的发展方向。

移动闭塞是列车安全追踪间隔距离随着列车的移动而不断移动和变化的闭塞方式。移动闭塞的追踪目标点是前行列车的尾部，并加上一定的防护距离，后行列车从最高速开始制动的计算点是根据目标距离、目标速度及列车本身的性能计算决定的。移动闭塞系统是一种区间不分割为固定长度的闭塞分区，根据连续检测先行列车位置和速度进行列车运行间距控制的列车安全系统。列车和列控中心间进行实时的双向通信，动态地控制列车运行速度（图 3-4）。

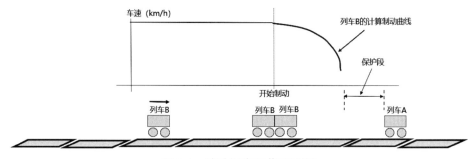

图 3-4　移动闭塞工作原理图

【典型案例】

在武汉城市轨道交通信号系统中，CBTC 移动闭塞包括两种：基于感应环线通信的阿尔卡特 CBTC 移动闭塞和采用波导传输的阿尔斯通 CBTC 移动闭塞（图 3-5、图 3-6）。武汉轻轨 1、3 号线采用的是基于感应环线通信的移动闭塞制式 CBTC。2、4 号线采用波导传输的移动闭塞制式 CBTC。阿尔卡特（Seltrac）系统总体结构包含三层，即系统管理中心（SMC）、车辆控制中心

（VCC）、车载控制器（VOBC），三层的控制结构将利用移动闭塞原理来保证安全、可靠和高效系统运行的责任进行了划分隔离。责任划分如下：

系统管理中心（SMC）提供列车自动监督（ATS）功能；

车辆控制中心（VCC）提供列车自动防护（ATP）和列车自动运行（ATO）功能；

车载控制器（VOBC）对 VCC 所提供 ATP 及 ATO 进行补充的 ATP 和 ATO 功能。

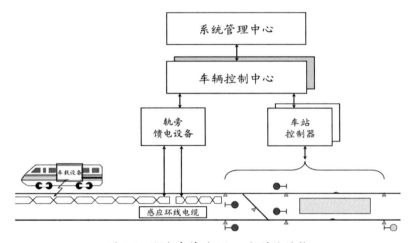

图 3-5　阿尔卡特（Seltrac）总体结构

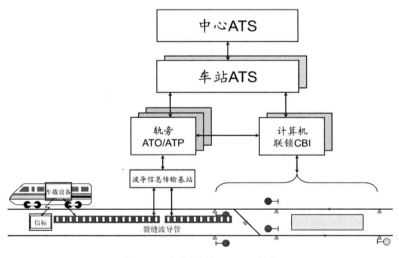

图 3-6　阿尔斯通 CBTC 系统

波导管是一种车 - 地双向数据传输的无线信号传输媒介，具有传输频带宽、传输损耗小、可靠性高、抗干扰能力强等特点，同时也不会对其他设备造成干扰。在波导管的传输过程中信号将稳定可靠地持续为列车提供车地信息传输（图 3-7）。

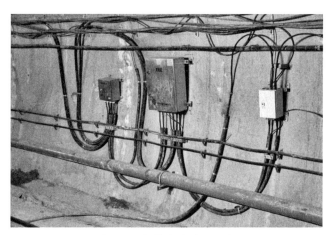

图 3-7　波导传输系统现场

移动闭塞系统通过提高列车的定位精度以及移动授权的更新频率来提高运力并缩短列车间隔距离。移动闭塞系统是通过和车载控制器间的数据通信来实现上述功能的（而不是用轨旁信号机进行防护）。移动闭塞系统可以安全地允许多趟列车占用同一区域，是在考虑了一系列最不利条件下仍能保证安全间隔的基础上确定的。不同线路区域可能会定义不同的安全距离值，这是由"综合安全距离"逻辑来处理的。安全列车间隔的监督是通过向车载子系统提供最大允许速度和当前命令停车点信息来实现的。该通信被周期性地更新，以确保连续的更新对列车来说是可用的。

列车可以在由下列数据所定义的内容里安全地运行：最大速度；确认的停车点；制动曲线；线路坡度（图 3-8）。

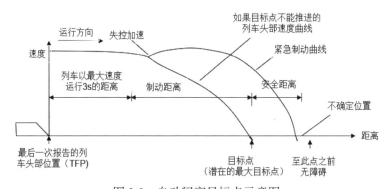

图 3-8　自动闭塞目标点示意图

2. 列车定位技术

城市轨道交通列车运行密度高、站间距离短、安全性要求高，列车自动控制系统及列车本身需要实时了解列车在线路中的精确位置；分布于轨旁和列车上的列车自动控制系统根据线路中列车的相对位置实时动态地对每一列车进行监督、控制、调度及安全防护，在保证列车运行安全的前提下，最大限度地提高系统的效率，为乘客提供最佳的服务。

3. 车地双向数据传输技术

在 CBTC 系统中，列车与地面之间的信息传输是其关键技术之一。CBTC 利用连续、大容量的车地双向数字通信实现列车控制信息和列车状态信息的传输。基于无线通信的列车控制系统在减少地面设备的基础上解决了车地双向大容量信息传输以及信息传输的安全性，实现更多的列车控制功能，从而缩短了列车运行间隔和列车的安全制动距离，提高线路的利用率和行车安全。可以大幅度地提高城市轨道交通系统的运营能力，降低运营成本。

3.1.3.3 核心子系统

CBTC 系统可以分为：

➢ 列车自动监督系统 /ATS

➢ 列车自动防护系统 /ATP

➢ 列车自动运行系统 /ATO

➢ 计算机锁联系统 /CI

➢ 无线系统

ATS 子系统实现监督、引导列车按预定的时刻表运行，保证地铁运行系统的稳定性。它通过转换道岔建立发车进路，并向列车提供由控制中心传来的监督命令。

ATP 子系统具有超速防护、零速度检测和车门限制等功能。ATP 提供速度限制信息以保持列车间的安全间隔，使列车在符合限制速度的标准下运行。在打开车门前，ATP 先检查各种允许打开车门的条件，检查通过后才允许打开车门。

ATO 子系统能自动调整车速，并能进行站内定点停车，使列车平稳地停在车站的正确位置。

ATO 从 ATS 处得到列车运行任务命令。其信息是通过轨道电路或轨旁通信器传送到列车上的。信息经过处理后传给 ATO，并显示相关信息。ATO 获得有用信息后，结合线路情况开始计算运行速度，得出控制量，并执行控制命令，同时显示有关信息。到站后，开门条件允许后，ATO 打开车门。停站期间，列车通过车 - 地通信系统把列车信息传送给地面通信器，然后传到 ATS。ATS 根据列车信息，把运行信息传给车载 ATO。

1. 列车自动监督系统（ATS）

在控制中心显示控制范围内列车运行状态及设备状态信息是 ATS 子系统

的主要功能。基于这些状态信息和运行时刻表，ATS 能够实现自动排列进路，自动调整列车运行，可以通过改变停站时间和站间运行时间来完成。ATS 子系统包含时刻表工作站、操作员工作站、其他的网络和设备等。

2. 列车自动防护系统（ATP）

（1）轨旁子系统（图 3-9）

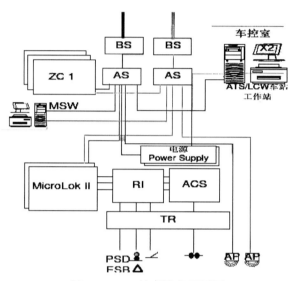

图 3-9　ATP 轨旁设备配置图

ATP 轨旁设备配置：

ZC：Zone Controller 区域控制器

RI：Relay Interface 继电接口

BS：Backbone Switch 骨干交换机

AS：Access Switch 接入交换机

ACS：Axle Counting System 计轴系统

（2）车载子系统（图 3-10）

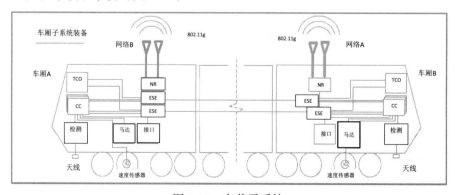

图 3-10　车载子系统

3. 列车自动运行系统（ATO）

ATO 为非故障 - 安全系统，其控制列车自动运行，主要目的是模拟最佳司机的驾驶，实现正常情况下高质量的自动驾驶，提高列车运行效率，提高列车运行的舒适度，节省能源。ATP 系统是城市轨道交通列车运行时必不可少的安全保障，ATO 系统则是提高城市轨道交通列车运行水平（准点、平稳、节能）的技术措施。ATO 系统采用的基本功能模块与 ATP 系统相同，也载有有关轨道布置和坡度的所有资料，以便能优化列车控制指令。ATO 还装有一个双向的通信系统，使列车能够直接与车站内的 ATS 系统接口，保证实现最佳的运行图控制。当列车处在自动驾驶模式下，车载 ATO 运用牵引和制动控制实现列车自动运行。

【典型案例】

1. 北京地铁 1 号线 ATO 系统

（1）ATO 设备

车载设备：由设在列车每一端司机室内的 ATO 控制器及安装在列车每一端司机室车体下的两个 ATO 接收天线和两个 ATO 发送天线组成。

地面设备：在各车站设备室内设有站台 ATO 通信器。

PAC（Platform ATO Communicator）：PAC 内存有至下面两个车站的线路信息，并通过与 LPU 或 RTU 接口，得到来自 ATS 子系统的控制命令。在各车站上下行站台以及进行 ATO 折返的折返线处轨道上，设有 Xd 或 X2 环路及 Rd 环路。列车在车站停车期间，经联锁电路及轨道电路的有关条件控制向室外环路发送。

（2）ATO 需求数据与传输通道

在 ATO 数据获取的过程中，车载 ATP 接收安全信息。安全信息由列车当前运行区段的 AF900 轨道电路传送，采用低频脉冲调幅方式，有 8 种不同的调制频率，6 种用于 ATP 速度命令，2 种用于门控命令。另外，车载 TWC 系统接收地面 TWC 信息。该信息一般是非安全控制功能数据，诸如运行等级、列车号、目的地和跳停等。该信息采用 FSK 调制方式，通过地面 TWC 设备向列车发送。最后，车载 ATO 接收来自车载 ATP、TWC 的信息和标志线圈的信息。

（3）控制策略

速度调节：ATO 根据从 ATP 中获取的 MSS 和 TS，计算列车运行速度曲线。该曲线比较简单，主要计算加速转匀速、匀速转制动的位置点，以保证列车运行时不超过 MSS，并且在每个轨道电路区段目标距离处速度不超过目标速度。控制器根据线路的情况自动控制列车的牵引及制动输出，尽量使列车按运行速度曲线的速度来运行。当列车速度超过目标速度时，ATP 设备报警；当超过最大允许速度时，ATP 实施紧急制动。

车站停车：在车站的定位停车是通过 X2 和 Xd 环路实现的。列车进入车站 X2 环路范围后，通过地-车之间的感应，得出距停车点的距离，进行第一次位置调整，并使速度尽量贴近预置的停车速度曲线。在 Xd 环路处，进行第二次也是最后一次位置调整。若需要对运行时间进行调整，ATS 将给出控制命令，如惰行控制、扣车、下一车站通过等命令，由 ATO 执行。

2. 上海地铁 1 号线 ATO 系统

（1）ATO 设备

车载设备：主要包括 ATO 主控制器，以及车底的 ATP/TWC 接收线圈、TWC 发送天线（TWC 为车-地通信子系统）、对位天线、标志线圈。

地面设备：包括每个车站 ATC 设备室内的车站停车模块以及沿每个站台布置的一组地面标志线圈。

（2）ATO 需求数据与传输通道

在 ATO 数据获取的过程中，车载 ATP 接收安全信息。安全信息由列车当前运行区段的 AF900 轨道电路传送，采用低频脉冲调幅方式，有 8 种不同的调制频率，6 种用于 ATP 速度命令，2 种用于门控命令。另外，车载 TWC 系统接收地面 TWC 信息。该信息一般是非安全控制功能数据，诸如运行等级、列车号、目的地和跳停等。该信息采用 FSK 调制方式，通过地面 TWC 设备向列车发送。最后，车载 ATO 接收来自车载 ATP、TWC 的信息和标志线圈的信息。

（3）控制策略

速度调节：ATO 与 ATP 配合调节速度。ATP 共设 6 个速度命令，即 20、30、45、55、65、80km/h。ATC 系统具有 4 个 ATS 运行等级，对应于 ATP 的各个速度命令有相应的修正速度。参考速度就是接收到的 ATP 速度命令、ATS 运行等级的修正速度及定点停车速度曲线三者中最小的速度。ATO 根据轨旁接收的运行等级信息获得运行速度信息，并调节车速、加速度和程序减速度，以符合所接收的运行等级。在检出限制速度变低并在正常的制动条件下，如果车速大于现在新的速度命令，则以制动减速度 $0.97m/s^2$ 启动常用制动。ATO 子系统利用闭环反馈技术进行调速，即将实际车速与参考速度之差作为误差控制量。通过牵引 / 制动线对列车实施一定的牵引力或制动力，使误差控制量为零。

车站停车：车载 ATO 系统将修正程序停车曲线，以符合所接受的运行等级。精确的车站停车是通过应用轨道电路 ID 和边界的转换以及车站的环线来实现的。应用轨道电路的 ID 来确定正确的停车曲线的起点。列车经过站外 350m 处的第一对地面标志器时，定点停车曲线便由此启动。定点停车曲线是建立在一个固定减速率基础上的。当 ATS 速度与定点停车曲线速度相同时，列车转入定点停车控制模式。列车经过 150m、25m 处的地面标志器时，它离开最后停车点的距离信息被不断更新。列车经过 8m 处的有源地面标志器上方，并收到由该标志器发送的信号，列车即刻转为定位停车模式，实施全常用制动，将车停住。车辆对位天线与地面对位天线对齐。

运行时间的调整：主要是通过选择不同的运行等级来实现。惰行模式已经包含在运行等级中。

运行模式的改变：ATC 系统的逻辑要求是必须在列车停下时才可以进行转换，否则将导致一次紧急制动。

4. 计算机联锁系统（CI）

主要功能：轨道空闲处理、进路控制、道岔控制、信号控制。进路控制功能负责整条进路的排列、锁闭、保持和解锁。道岔控制功能负责道岔的解锁、转换、锁闭和监督。这些动作是对 ATS 子系统命令的响应。信号控制功能负责监督轨道旁信号机的状态，并根据进路、轨道区段、道岔和其他轨旁信号机的状态来控制信号机。

它根据来自 ATS 的命令设置信号机何时为停车显示。它也产生命令输出，ATC 系统以此来控制列车从一个进路行驶到另一进路。

计算机联锁系统在信号操作员或者 ATS 系统操作下实现站内道岔、信号机、轨道电路之间联锁控制，是铁路安全高效行车不可缺少的保障装备。

【典型案例】

西门子联锁系统采用了 SIMISPc／SIMISECC 计算机管理进路、道岔和轨旁信号机，以响应来自 ATS 功能的命令。同时，将进路、轨道区段、道岔和信号机的状态信息提供给 ATS 系统和 ATP 轨旁系统（图 3-11）。

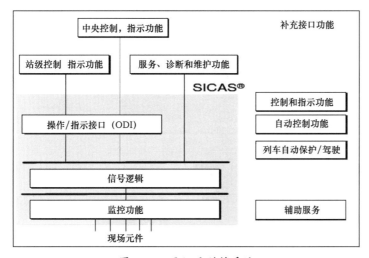

图 3-11　西门子联锁系统

5. 无线系统

无线系统包括：

（1）轨旁无线设备（WLAN 接入点和天线）提供完全、连续的线路覆盖。它们通过以太网交换机分别与总线（对列车自动防护系统）和旅客资讯系统接口链路相连。轨旁无线设备室外有保证车辆与轨旁网络通信的接入点 AP 和天线，室内有无线骨干网的交换机机柜与服务器机柜。

（2）车载无线单元 TU 分别安装在列车的两头。车两头的无线单元通过车载设备间的串行线相互连接。

3.1.4 轨道交通产业

下面从多个侧面即轨道交通项目流程、高铁投资结构、高铁网络六大核心系统入手对轨道交通行业产业链体系进行剖析。

3.1.4.1 轨道交通项目流程

轨道交通项目流程一般分为前期、设计、实施、运营四个阶段，如图 3-12 所示。

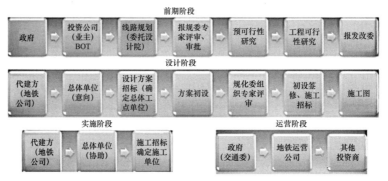

图 3-12　轨道交通项目流程

简化后可以分为项目启动、项目建设和项目运营三个阶段，表示成如图 3-13 所示的形式。

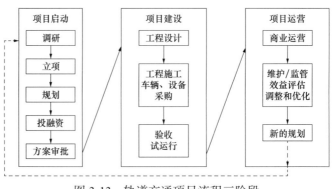

图 3-13　轨道交通项目流程三阶段

3.1.4.2 轨道交通建设分项目投资占比

1. 高铁建设分项目投资占比

高铁建设阶段分为：

（1）基础设施建设（桥梁隧道建设所涉及的工程机械，水泥，建筑材料）；

（2）铺轨（轨道铺设所涉及的钢铁、轨道生产加工、机床设备）；

（3）车辆（机车及车厢的生产）；

（4）电气化配置（电气化信号设备及计算机控制系统）；

（5）运营及维护（机车的零部件、养护耗材、车站运营）。

根据测算，按平均每公里耗资 1 亿计算，到 2016 年我国高铁总投资达到 3 万亿。根据铁道部的相关数据对高铁总投资的各项构成进行测算，其中基建部分占 40%~60%（包含桥梁、隧道和车站建设、铺轨等），占比最大；车辆采购占 10%~15%（包括整车、车轴、紧固件、控制器件等零部件）；其余部分占比为 25%~40%（包括通信、信号及信息工程、电力及电力牵引供电等）。

2. 地铁建设分项目投资占比

地铁建设的施工流程：施工准备→土建工程→轨道工程→供电工程→通信与信号系统→机电设备→购置车辆。项目中最主要的是土建工程，其投资额占整个地铁建设工程投资额的 40%，是地铁施工方的主要承包项目。车辆段的建设与土建工程差异不大，也是地铁施工方的承包项目。两项相加，地铁施工方可以从地铁投资总额中至少获得 45% 左右的份额，见表 3-1 所示。

地铁建设投资项目与投资额占比　　　　　　　表 3-1

地铁建设主要项目	投资额占比	地铁建设主要项目	投资额占比
施工准备	2%	车辆段	5%
土建工程	40%	车辆购置	10%
轨道工程	2%	其他机电设备	12%
供电系统	2%	工程建设其他费用	22.5%
通信及信号系统	4.5%		

3.1.4.3 高铁六大核心系统

高铁网络六大核心系统包括：运营调度系统、客运服务系统、牵引供电系统、基础设施、动车组、通信信号系统。如图 3-14 所示。

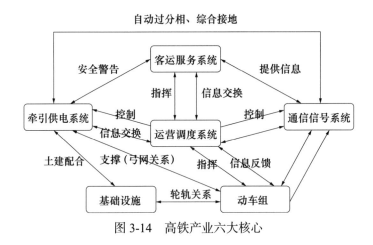

图 3-14　高铁产业六大核心

3.1.4.4　轨道交通产业链体系

作为一个综合性产业，轨道交通专业内涵非常丰富，包括规划、设计、勘察、工程建筑、车辆制造、通信信号、中高压供电、牵引供电、防灾报警、给水排水、消防、环境控制、工程概算、运营管理等 30 多个专业领域，可整合为 4 条"骨架"产业链——机车车辆制造产业链、工程建设产业链、服务产业链、通信信号与系统集成产业链。此外，还有两条极具发展潜力的"新生"产业链——新材料与节能产业链、安全产业链。其他较杂的产业领域归入"其他产业链"。作为产业链的延伸，存在于市场环境之外的高等院校、金融机构、政府部门为轨道交通产业的发展提供了必需的技术、人力资源、资金、政策以及其他支持条件。这些不同性质、前后延伸、纵横交错的产业链相互交织成复杂的广义轨道交通产业链体系。如图 3-15 所示。

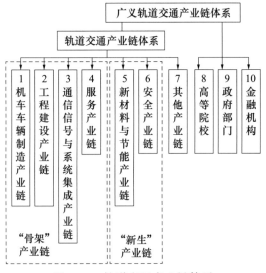

图 3-15　轨道交通产业链体系

城市轨道交通是"十二五"基础建设投资的新增长点。从产业链上看，业内人士更看好相关设备公司，其次是建筑施工企业。

城市轨道交通是一个复杂的系统工程，投资大、系统多、技术密集、建设周期长。一般的项目会涉及多个子系统和专业，而且随着建设模式及技术的不断创新，所涉及的领域也会不断增多。纵观中国城市轨道交通产业发展的历程，整个产业链的构成在发展初期受到政府主导型产业特点的影响，市场化程度不高。

产业链主体领域主要包括：线网规划、咨询、工程设计施工建设、施工监理、运营管理、信息化应用、设备及原材料、安全维护及其他、知识产权、建设单位、资本运营、综合产业。

轨道交通产业链体系的特点：

（1）有主副、层次之分

例如，在轨道交通产业链体系中，机车车辆制造是一个主产业链，而空调、电梯就是一个次产业链；光机电与系统集成是一个大产业层面，而信号系统就是一个细分产业层面。

（2）产业链间差异性大

机车车辆制造产业链属于机械行业，工程建设产业链属于土建行业，运营管理与咨询服务产业链基本上属于服务行业，光机电与系统集成产业链更大程度上属于计算机与自动化行业，因此各产业链行业属性差异较大，技术特点、增值与盈利能力方面也存在着较大差异。

（3）涉及单位范围广、性质不一

产业链涉及的单位有政府部门、规划院、设计院、建设单位、运营管理单位、金融机构、高等院校等，范围广泛，且性质不一，包含了政府、国企、事业单位、上市公司、民营企业等。

（4）具有局部时序性

产业链网络体系所涉及的领域和专业错综复杂，但如果按照轨道交通工程建设和使用的先后顺序，产业链网络体系中部分产业链的某些领域衔接后呈现出局部时序性，形成局部时序链。在整个产业链网络体系中，有多条时序链并发运行。例如：线网规划-勘察设计-施工监理-智能化和信息化设备应用-运维管理是一条时序链；投融资-审批-建设-资本运营管理又是一条时序链。

（5）有地域特色

虽然完整意义上的产业链体系架构理论上如此，但实际上不同省市的轨道交通产业链都有自己的特色，所构成的产业链体系也有所区别，原因在于各地地方企业的自身特点、政府管理手段、轨道交通建设程度与特点等都不尽相同。

3.1.5 轨道交通人才培养

进入 21 世纪以来，随着我国经济的高速发展和城市规模的不断扩大，越来越多的城市进入"城市轨道交通时代"，城市轨道交通事业迎来了快速发展的黄金时期。据估算，到 2050 年，中国城市轨道交通线路总长将超过4500km。目前，我国高校城市轨道交通类专业人才的培养远远跟不上逐年增加的巨大市场需求，也没有相关的人才积累。如何在现有的教育体系下加快城市轨道交通人才培养步伐，如何在探索中走出一条适合我国国情的特色人才培养之路，解决专业人才的短缺问题是我国城市轨道交通高等教育发展面临的严峻问题。

1. 轨道交通人才培养现状

城市轨道交通类工程科技人才培养现状如下。（1）国内城市轨道交通人才培养的现状与产业的需求脱节较严重。国内高校对城市轨道交通类人才的培养缺乏市场跟踪和调研，存在理念落后、教学方法落后、知识体系陈旧等缺陷。（2）人才数量缺口较大。我国城市轨道交通产业发展迅速，对高素质工程科技人才的需求量巨大，但目前国内城市轨道交通专业人才培养机构数量极少，每年培养出的专门人才远远不能满足实际需求。（3）城市轨道交通类专业人才培养层次较低。以往从事城市轨道交通类人才培养的学校绝大多数是高等职业院校和中等专业学校，本科层次的培养机构非常少。

我国通过几十年的发展，城市轨道交通已经成为一个新兴行业。城市轨道交通从规划、设计、施工建设到建成通车运营是一个十分复杂的系统工程，本身也涉及几十种专业，技术要求高、项目管理复杂、协调任务繁重、安全要求高，城市轨道交通类人才培养任务迫在眉睫且任重而道远，这方面的研究工作需大力加强。

在轨道交通人才培养模式的研究方面，订单式、校企联合培养模式被探讨的比较多，纵观各种模式，其论述都局限于培养单位个体接触到的层面，目前仍缺乏一种能够深刻刻画出人才培养模式本质的理论框架。

2. 新型人才的内涵

创新是提升国家竞争力的核心，创新的关键是人才，高质量的工程科技人才是建设国家的重要力量。为加快推动工程教育改革，加强新时期我国工程科技人才培养，服务创新型国家建设，教育部与中国工程院专门设立了"工程科技人才培养研究"专项任务项目。城市轨道交通专业具有多学科交叉、应用性强、技术和管理能力需兼顾的特点，除需培养传统的学术型（研究导向型）和应用型（专业技术型）两种类型的工程科技人才外，还需要结合新时期市场的需求，职业对能力的需求，培养具有多样化特点的工程科技人才。总的人才培养模式框架是：理论＋技术＋能力，这里克服了人以往国内外在工程科技人才培养方面对能力的忽视与界定，在专业培养过程中特别考虑了对能力的考核策略。城市轨道交通类新型工程科技人才类型具体划分如下：

（1）"轨道交通理论＋轨道交通技术＋施工组织与管理能力"型，是可从事施工组织、监理、审计及管理工作的人才；

（2）"轨道交通理论＋轨道交通技术＋工程设计能力"型，是可从事工程制图与设计工作的人才；

（3）"轨道交通理论＋轨道交通技术＋工程现场能力"型，是可从事工程现场调试、协调工作的人才；

（4）"轨道交通理论＋轨道交通技术＋产品研发能力"型，是可从事产品创意设计、开发新产品工作的人才；

（5）"轨道交通理论＋轨道交通技术＋创业与市场能力"型，是可从事经营管理工作的人才；

（6）"轨道交通理论＋轨道交通技术＋交叉专业能力"型，是具备交叉技术与能力、能够进行科技集成创新的人才。

3. 构建新型人才培养模式

构建新型工程科技人才培养模式的关键在于：对新时期下我国城市轨道交通类工程科技人才的创新培养模式从多个侧面进行深入研究和实践，形成具有自身鲜明特色的交通工程（城市轨道交通）专业培养方案，构建先进的城市轨道交通类工程科技人才实践教学体系，在轨道交通核心城市建成城市轨道交通类工程科技高技能人才培训基地，并利用其地理优势形成辐射全国、服务全国的行业效应。

4. 随动控制动态人才培养模式

随动控制系统属于控制科学与工程学科研究的范畴，用来精确地跟随或复现某个过程的反馈控制系统，又称随动控制系统。随动控制系统的任务是使被控量按同样规律变化并与输入信号的误差保持在规定范围内。这种系统在军事上应用最为普遍，如导弹发射架控制系统、雷达天线控制系统等。其特点是给定值是变化规律未知的任意时间函数。随动控制系统的原理与概念很适合用来描述新形势下城市轨道交通类人才的创新培养模式，如图 3-16 所示。

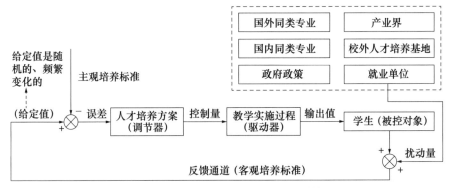

图 3-16 轨道交通随动控制人才培养模式

该系统中，误差等于主观培养标准与客观培养标准的差值。这里将培养标准细分为主、客观两种：主观标准是校内制定的专业培养计划，带有主观性；客观标准是实际存在的事实上的需求标准，但没有通过文件形式呈现。市场、职业对学生的素质和能力需求是给定值，该值是一个随机的、频繁变化的量，即学校根据市场和职业需求制定的培养标准，这需要通过大量的市场调研和深入的职业分析得出，是一个主观性标准。该主观性标准是否可靠、合理，需要与反馈通道反馈回来的综合性多维客观信息比较才能看出。这个反馈通道反馈回的信息是多维度信息的叠加，既来自于培养对象——学生，也来自于国内外同类专业、政府、产业界、校外人才培养基地、就业单位等客观实体给出的知识与能力培养指标。主、客观标准的误差作为输入信号输入到专业人才培养方案，再经过教学实施过程，输出给培养对象——学生。该创新培养模式强调了给定值的随机、频繁变化，强调了主、客观培养标准的动态跟踪及最终的一致性，同时也突出了反馈信息的多维性。即创新型专业人才培养模式应该是随着多维反馈信息而不断变化的，应该是与时俱进的。该模式用"误差"不断修正、调整人才培养系统，改进专业培养计划，从而使新型工程科技人才的培养注入社会因素，更加合理化、客观化。

具体实施方法分别从以下 3 个方面进行说明。

（1）在课程开发方面，采用以工作领域为导向的大学课程模块化开发及实施方法。

大学课程模块化是指：根据知识领域来组建课程模块，即首先界定研究领域有多大，再考虑分到哪个专业方向去教授此模块。课程的模块化与人才培养方式密切相关。以德国为例，传统的培养人才的做法是：按学科培养，将一个学科划分成很多方向，每个方向一般由一名教授来领导；现在的做法是分三步走：先分析工作领域需求，再分析学生需学习哪些知识和技能才能满足该需求，最后才开发出学习结构，即模块。这种方法可被我们结合国情借鉴和运用。

（2）在实践教学方面，采用校内教学和校外培养相结合的"双元制"框架，采用模块化实践课程开发方法，因时因地灵活掌握实践教学方式。

（3）在校外人才培养基地建设方面，采用多种途径，主要包括：

1）加入中国城市轨道交通协会等行业组织，与行业企业形成产、学联盟，互通信息，互相发挥优势，寻求更多合作机会，以联盟的形式共促我国城市轨道交通产业的发展。

2）加强与行业内知名企事业单位的联系与合作，形成校外人才培养基地群。通过共建实验室、共同开发项目、共同培养人才等方式与国内著名城市轨道交通企事业单位建立紧密合作关系。逐步与这些单位签订校企合作协议，将合作落到实处。

目前我国高校的工程教育现状还不能令人满意，工程素质低、实践能力弱、创新意识不够、沟通能力欠佳、团队精神不强、社会责任感差是工科毕业生的共性问题。重视高等工程教育、改革工科专业人才培养模式、加强实践教学、提升学生的工程素质、培养学生的实践能力和创新精神，是当前高等工程教育需要解决的问题。

3.2 智慧建筑

新基建引发的关于智慧建筑的新思考如下：新基建时代的智慧建筑如何定义？智慧建筑如何在众多新基建领域中脱颖而出？新基建时代的泛智慧建筑如何理解？如何从四个视角（AI 建筑、建筑工业互联网、建筑大数据、数字孪生建筑）全面理解新基建时代的智慧建筑？未来智慧建筑新生态的体系如何构建？

3.2.1 智慧建筑一般定义

来自不同机构从各种视角定义的智能建筑如下：

国际上智能建筑的一般定义为：通过将建筑物的结构、系统、服务和管理四项基本要求以及他们的内在关系进行优化，来提供一种投资合理，具有高效、舒适和便利环境的建筑物。

英国市场调研公司 Memoori 强调全新建筑物联网（BIoT）的出现，将智能建筑定义为 IP 网络的叠加、连接整个建筑的服务，无需人为干预、监控、分析并且控制。

欧洲对智能建筑的定义如下：创建了一个环境，可以最大限度地提高建筑居住者的使用效率，同时通过最低的硬件和设施寿命周期成本实现高效资源管理。该定义将焦点放在通过技术满足居住者的需求上，同时通过最低的硬件和设施寿命周期成本实现高效的资源管理。

BREEAM 守则（1990）和 LEED 计划（2000）给出的智能建筑定义侧重能源效率和可持续性，智能和绿色为其核心特征。

总的来看，亚洲定义侧重于技术的自动化和建筑功能的控制作用。欧洲定义则将焦点放在通过技术满足居住者的需求及绿色可持续发展。

智能建筑的理论基础是智能控制理论。智能控制（Intelligent Controls）是在无人干预的情况下能自主地驱动智能机器实现控制目标的自动控制技术。控制理论发展至今已有 100 多年的历史，经历了"经典控制理论"和"现代控制理论"的发展阶段，已进入"大系统理论"和"智能控制理论"阶段。智能控制以控制理论、计算机科学、人工智能、运筹学等学科为基础。其中应用较多的分支理论有：模糊逻辑、神经网络、专家系统、遗传算法、自适应控制、自组织控制、自学习控制等。自适应控制比较适用于建筑环境的智慧化管控。自适应控制采用的是基于数学模型的方法。实践中我们还会遇到结构和参数都未知的对象，比如一些运行机理特别复杂，目前尚未被人们充分理解的对象，不可能建立有效的数学模型，因而无法沿用基于数学模型的方法解决其控制问题，这时需要借助人工智能学科。

自适应控制所依据的关于模型和扰动的先验知识比较少，需要在系统的运行过程中不断提取有关模型的信息，使模型愈来愈准确。常规的反馈控制具有一定的鲁棒性，但是由于控制器参数是固定的，当不确定性很大时，系统的性能会大幅下降，甚至失稳。自适应控制多适用于系统参数未知或变化的系统，模型很难确立，对智能建筑这类复杂控制对象，很难建立整个建筑物自动化系统的控制系统模型，只能分设备、分子系统去建立各个局部系统的模型，再进行系统级连接和统一协调控制。神经网络 PID 控制也是一种可在智慧建筑领域落地应用的极具潜力的理论。

从建筑智能性演进角度，结合工业 4.0 和人工智能提出对智慧建筑概念的理解。工业 4.0、智慧城市赋予智能建筑新的内涵，使之向智慧建筑演进。智慧建筑是在智能建筑基础上的进一步发展演进。新基建时代，智慧建筑的内涵进一步丰富，可从 AI 建筑、建筑工业互联网、建筑大数据、数字孪生建筑四个主要维度理解智慧建筑，智慧建筑是在人工智能、工业互联网、大数据、数字孪生四个主流信息技术的基础上，融合建筑产业领域知识的融合型基础设施（图 3-17）。

（*a*）从智能建筑到智慧建筑

（*b*）四个视角理解智慧建筑内涵

图 3-17 智慧建筑内涵

3.2.2 复杂系统视角：建筑信息物理系统

信息物理系统（CPS，Cyber-Physical Systems）视角的智慧建筑可理解为：智慧建筑是"智慧（信息系统）- 建筑（物理系统）"二元空间的融合，也可理解为基于"人 - 信息 - 建筑"三元空间的人机融合系统。初级阶段的智慧建筑更多是基于"信息 - 建筑"二元空间的系统，高级阶段的智慧建筑则是人、机、物融合的载体，具有混合增强智能特点（图 3-18）。

图 3-18 建筑信息物理系统示意图

从复杂系统视角理解智慧建筑，智慧建筑是基于建筑物模型的复杂系统工程。

"最蹩脚的建筑师从一开始就比最灵巧的蜜蜂高明的地方，是他在用蜂蜡建筑蜂房以前，已经在自己的头脑中把它建成了"（马克思）。工程系统的研制过程，实际上是建立工程系统模型的过程，模型建立在数字化虚拟空间，因此建模本身也是一个借助模型来实现技术表达、沟通、验证的过程。

基于模型的系统工程（MBSE，Model-Based Systems Engineering）是建模方法的形式化应用，以使建模方法支持系统要求、设计、分析、验证和确认等活动，这些活动从概念性设计阶段开始，持续贯穿到设计开发以及后来的所有寿命周期阶段。国外把基于模型的系统工程视为系统工程的"革命""系统工程的未来""系统工程的转型"等。

传统系统工程方法已无法掌控现实系统的复杂性，MBSE应运而生。2007年，系统工程国际委员会（INCOSE）在《系统工程2020年愿景》中，给出了"基于模型的系统工程"的定义：基于模型的系统工程是对系统工程活动中建模方法应用的正式认同，以使建模方法支持系统要求、设计、分析、验证和确认等活动，这些活动从概念性设计阶段开始，持续贯穿到设计开发以及后来的所有的寿命周期阶段。MBSE将系统的表达由"以文档报告为中心"转变为"以模型为中心"，基于统一建模语言的一系列系统模型成为全生命期各阶段产品表达的"集线器"，可以被各学科、各角色研发人员和计算机所识别，为研发组织内的高效沟通和协同奠定了基础，并将传统系统工程的手工实施过渡到通过软件工具和平台来实施，通过软件工具和平台物化了相应的"方法"，使得系统工程"过程"可管理、可复现、可重用（图3-19）。

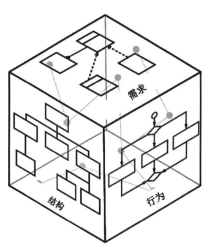

图3-19 系统模型的展现视角

　　基于技术过程的需求回路、设计回路和验证回路，以及技术过程与技术管理过程的接口，形成自上而下、全面综合、反复迭代、循环递进的问题求解过程，来保证全部系统需求被完整定义、追踪和验证。

　　由需求分析、功能分析和分配、综合、系统分析、控制构成的经典系统工程过程被迭代应用于系统生命期各阶段。经典系统工程模型如图 3-20 所示。

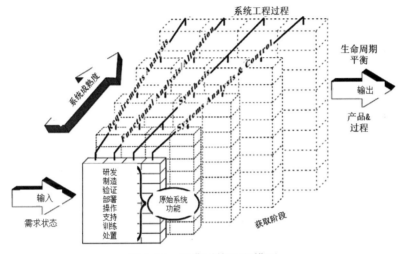

图 3-20　经典系统工程模型

　　经典的系统工程被理解为 3 个过程，4 个回路（验证），生成 3 个文档。3 个过程的第一步需求分析负责把用户的需求及外部环境的约束变换成系统要求；第二步功能分析与分配负责把系统要求变换成系统的功能，并把功能分解为系统的一个一个的小动作，形成的文档是功能架构；第三步设计综合，则根据现有的产品及技术条件，把功能架构映射到物理架构上，完成设计过程。4 个回路则负责把 3 个步骤各自的产出和输入进行对比，看是否匹配，这个过程叫作验证。这其中，设计师要在功能架构和物理架构之间进行多次的、双方向的反复迭代，直至所有的功能架构和物理架构都被试验过，并且二者要一致。

　　系统工程包括技术过程和管理过程两个层面，技术过程遵循分解 - 集成的系统论思路和渐进有序的开发步骤，如图 3-21 所示。管理过程包括技术管理过程和项目管理过程。工程系统的研制，实质是建立工程系统模型的过程。在技术过程层面主要是系统模型的构建、分析、优化、验证工作。在管理过程层面，包括对系统建模工作的计划、组织、领导、控制。因此，系统工程这种"组织管理的技术"，实质上应该包括系统建模技术和建模工作的组织管理技术两个层面，其中系统建模技术包括建模语言、建模思路和建模工具。

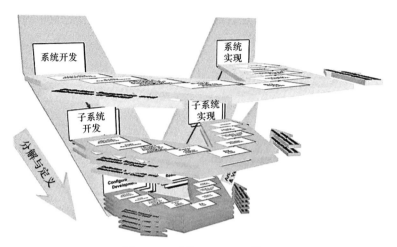

图 3-21　系统工程双 V 模型

双 V 模型包括架构 V 和实体 V。架构 V 模型关注系统架构的开发成熟，实体 V 模型关注组成架构的实体元素的开发实现。由于系统的复杂性，架构 V 模型的厚度向下逐渐增加，即每一分解级别（系统层次）上的实体数量不断增加。架构 V 模型的每个实体都有一个相应的实体 V 模型负责该实体的开发和实现。系统工程过程的架构 V 模型表达了和实体 V 模型可以应用在复杂产品和系统研发的各个层次、各个阶段、各种通用特性和专用特性上，即在全过程、全系统、全特性上的应用，在每个应用侧面都有对应的标准组合、标准或指南手册为在该侧面应用系统工程 V 模型提供指导。

螺旋模型由 Boehm 在 1986 年提出，参考了 Hall 1969 年在系统工程方面的成果，目的是引进一种风险驱动的产品研制方法。螺旋模型将反馈的思想融入系统工程的每一个阶段，并认为原型系统的开发是降低系统风险的重要手段。螺旋模型由 18 个不断旋进的步骤组成，包括：（1）系统需求确定；（2）可行性研究；（3）系统分析；（4）系统详细说明；（5）系统原型；（6）概念评估；（7）功能定义；（8）需求分配；（9）平衡分析；（10）选择设计；（11）集成；（12）测试评估；（13）详细需求；（14）元件设计；（15）优化；（16）设备定义；（17）实用原型；（18）正式设计评估（图 3-22）。

过程的两种基本属性是：迭代和递归。系统工程过程在应用时要进行迭代和递归。在架构 V 的系统层、子系统层及最底层技术状态层，系统工程技术过程基本一致，这就是系统工程过程在系统架构各层级上的递归。通过过程递归，让复杂系统逐层分解细化并最终定义和实现系统对象。迭代是为了应对需求的不确定性和不稳定性。迭代具有多种形式，可以在同一层级中迭代，也可以是跨层级的迭代，还可以是跨项目阶段的迭代。

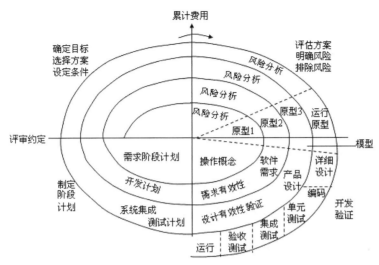

图 3-22 系统工程螺旋模型

霍尔模型包括时间（阶段）维、逻辑（步骤）维和知识（专业）维描述系统工程项目（图 3-23）。

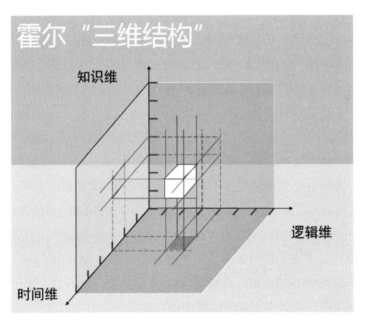

图 3-23 系统工程霍尔模型

洛克希德·马丁公司是最早提出 MBSE 类似想法的工业部门，该公司在 DARPA 和 INCOSE 的支持下开展基于 MBSE 的航天器快速概念设计，其中的核心思想是利用 SysML 为数字样机提供准确的系统框架，通过一个定义好的系统框架模型将大量的数字信息交织在一起，而系统框架模型有助于紧密连接系统逻辑和行为设计的需求。洛克希德·马丁公司提出的技术架构如图 3-24 所示。

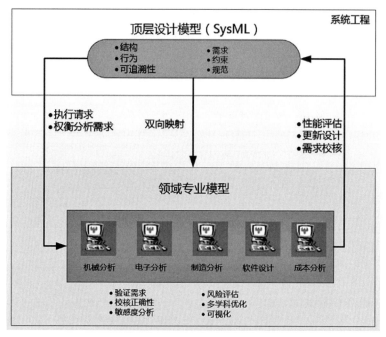

图 3-24 系统工程顶层设计模型

常用的系统设计-仿真模型工具有 SysML、Modelica、Simulink、Arena、DEVS、Petri 网等。SysML（Systems Modeling Language）是一种经典系统建模语言，是 UML 在系统工程应用领域的延续和扩展，是近年提出的系统体系结构设计的多用途建模语言，用于由软硬件、数据和人综合而成的复杂系统的集成体系结构说明、分析、设计及校验。技术框架可以满足不断增加的域内特定模型的细节水平；通过将 SysML 模型和领域专业模型之间建立双向数据映射和交换，实现多个领域模型与系统框架模型之间的跨域集成。

洛克希德·马丁公司在导弹设计过程中 MBSE 的应用主要体现在系统工程的模型和领域工程模型的映射和对应上，通过一种叫做 MBSE 工具包的自行开发的软件包，实现了将原本只能用来静态描述系统架构的 SysML 模型转换成为可执行和可分析的模型，这样就可以将 SysML 设计的顶层设计模型和各个专业人员自己设计的特定领域的模型进行有效的映射和集成，并可以连接起来将 SysML 参数模型进行执行分析，并将分析结果反馈给顶层设计模型。洛克希德·马丁公司在导弹和宇航系统快速概念设计中大量使用 MBSE 技术，集成分析框架 MBSE 工具包也被应用于多个系统方案的选择分析过程中。使用效果表明，在 20 小时之内就可以将飞行器的设计重点参数分析出来。如果使用传统的方法将会花费数个星期。优化结果显示在保证飞行性能的前提下，飞行器的尺寸减小了 33%。

由复杂系统工程出发，可构建泛智能建筑体系。泛智慧建筑体系定义：以智慧建筑、智慧家庭为核心，以智慧社区、智慧园区为一级业态环，以智慧城市为二级业态环，以泛智能建筑生态为三级业态环，总体呈"洋葱"结构结构（图3-25）。

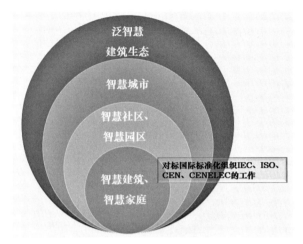

图 3-25　泛智慧建筑体系

3.2.3　人工智能视角：人工智能建筑

人工智能建筑（AI建筑）定义：具有实时感知、高效传输、自主精准控制、自主学习、个性化定制、自组织协同、自寻优进化、智能决策、价值互联与再造能力的建筑物。

"AI+建筑"是指以人工智能理论、技术、方法为核心驱动力驱动智慧建筑发展的产业和学术新形态。"建筑+AI"是指以智慧建筑为主体，融合人工智能的产业和学术新形态。兼容"AI+建筑""建筑+AI"二者内涵的新建筑形态称为"AI建筑"，也称为"超智能建筑"。

AI建筑是人工智能理论和技术分支与建筑的融合。历经60年发展，人工智能学科沉淀下来的各个分支包括专家系统、机器学习、进化计算、模糊逻辑、计算机视觉、自然语言处理、推荐系统等。通常将人工智能分为弱人工智能和强人工智能。前者让机器具备观察和感知的能力，可以做到一定程度的理解和推理。而强人工智能让机器获得自适应能力，解决一些之前没有遇到过的问题。从应用角度看，目前的工作大多集中在弱人工智能，强人工智能在现实世界里难以真正实现。

可借鉴神经系统的知识构建基于神经科学和神经网络的人工智能建筑理论，认为人工智能建筑是一类类似于神经网络的非线性系统。人类神经系统分为两个部分：中枢神经系统（大脑和脊髓）和周围神经系统（由从脊髓向身体其他部位发散的神经元组成）。大多数的神经元都属于中间神经元（Interneuron）——负责与其他神经元交流的神经元。思考的时候其实就是一大堆中间神经元在互相传话。中间神经元主要存在于大脑。除此之外还有另外两种神经元：感觉神经元（Sensory Neuron）和运动神经元（Motor Neuron）——它们是通向脊髓和组成周围神经系统的神经元。这些神经元的长度可以达到1m。

结合数据预处理、模式识别特征提取、机器学习、评价与反馈等理论和技术，可构建如图 3-26 所示的 AI 建筑系统。

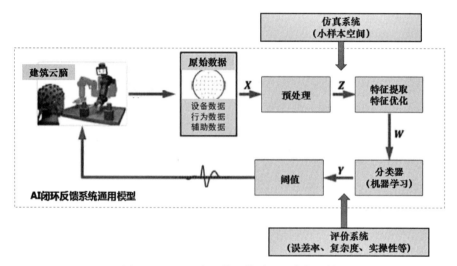

图 3-26　基于脑机接口构建 AI 建筑系统

3.2.4　工业互联网视角：建筑工业互联网

从工业互联网的核心要义分析入手，结合智能建筑集成控制系统和企业集成制造系统的理论技术原型，提出建筑工业互联网的定义、架构及理论技术原型。提出四种建筑工业互联网描述方法：

方法一：基于物理系统层级的建筑工业互联网；

方法二：基于"大数据＋AI＋敏捷供应链"的建筑工业互联网；

方法三：基于建筑云脑的建筑工业互联网；

方法四：基于"数据线索"的建筑工业互联网。

随着 5G、边缘计算、深度学习等技术的发展，深度学习、边缘计算、边缘智能在建筑工业互联网中的部署及应用应重点研究和应用（图 3-27、图 3-28）。

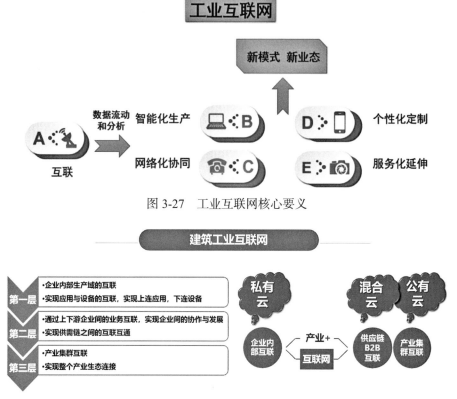

图 3-27 工业互联网核心要义

图 3-28 建筑工业互联网一般体系架构

美国空军在 2013 年发布的《全球地平线》顶层科技规划文件中，将数字线索（Digital Thread）和数字孪生（Digital Twin）视为"改变游戏规则"的颠覆性机遇，并从 2014 财年起组织洛克希德·马丁、波音、诺斯罗普·格鲁门、通用电气、普拉特·惠特尼等公司开展了一系列应用研究项目，已陆续取得成果。数字线索旨在通过先进的建模与仿真工具建立一种技术流程，提供访问、综合并分析系统寿命周期各阶段数据的能力，使军方和工业部门能够基于高逼真度的系统模型，充分利用各类技术数据、信息和工程知识的无缝交互与集成分析，完成对项目成本、进度、性能和风险的实时分析与动态评估。数字线索的特点是"全部元素建模定义、全部数据采集分析、全部决策仿真评估"，能够量化并减少系统寿命周期中的各种不确定性，实现需求的自动跟踪、设计的快速迭代、生产的稳定控制和维护的实时管理。美国空军认为，系统工程将在基于模型的基础上进一步经历数字线索变革。借鉴美国空军关于数字线索的战略思维，提出基于数据线索的建筑工业互联网系统架构及融合 5G 技术的 5G 建筑工业互联网架构（图 3-29、图 3-30）。

基于数据线索的智慧建筑大数据管理体系架构遵循两个数据逻辑。数据逻辑路线 1："数据－信息－知识－智慧"模式；数据逻辑路线 2："数据－模型－服务－价值"模式。融合这两个逻辑思维可建立智慧建筑大数据管理体系（图 3-31）。

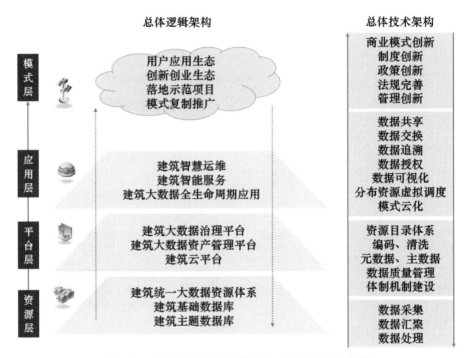

图 3-29　基于数据线索的建筑工业互联网系统架构

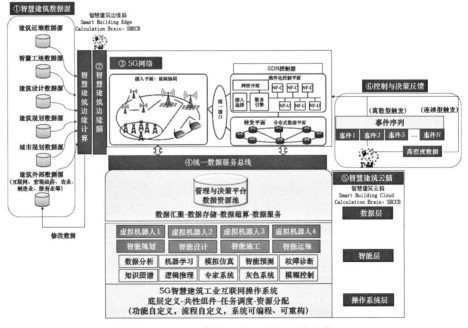

图 3-30　5G 建筑工业互联网系统架构

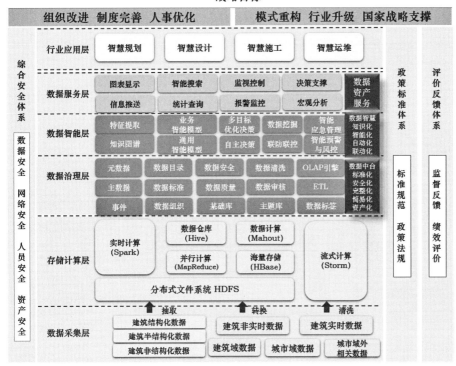

图 3-31　智慧建筑大数据管理体系架构

3.2.5　大数据视角：建筑大数据

智慧建筑大数据平台的构建和开发要基于数据仓库、数据湖、数据中台等大数据核心技术。

根据全球数据仓库之父 W.H.Inmon 的观点，数据仓库（Data Warehouse）是一个面向主题的（Subject Oriented）、集成的（Integrated）、相对稳定的（Non-Volatile）、反映历史变化的（Time Variant）数据集合，用于支持管理决策和信息的全局共享。其主要功能是将组织透过资讯系统之联机事务处理（OLTP）经年累月所累积的大量资料，透过数据仓库理论所特有的资料储存架构，进行系统的分析整理，以利用各种分析方法如联机分析处理（OLAP）、数据挖掘（Data Mining），并进而支持如决策支持系统（DSS）、主管资讯系统（EIS）创建，帮助决策者能快速有效地自大量资料中，分析出有价值的资讯，以利决策拟定及快速回应外在环境变动，帮助建构商业智能（BI）（图 3-32、图 3-33）。

商务智能（BI，Business Intelligence）是一种以提供决策分析性的运营数据为目的而建立的信息系统。是属于在线分析处理：On Line Analytical Processing

（OLAP），将预先计算完成的汇总数据，储存于魔方数据库（Cube）中，针对复杂的分析查询，提供快速响应。在前 10 年，BI 报表项目比较多，是数据仓库项目的前期预热项目（主要分析为主的阶段，是数据仓库的初级阶段），制作一些可视化报表展现给管理者（图 3-34）。

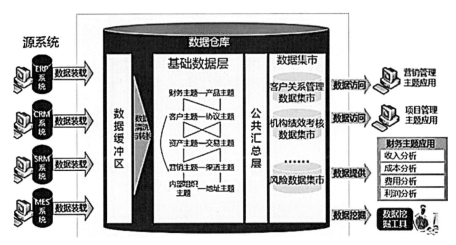

图 3-32　数据仓库一般架构

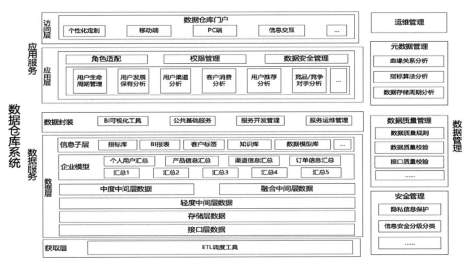

图 3-33　基于数据仓库的数据管理系统架构

数据湖（Data Lake）概念最早是 2011 年由 CITO Research 网站的 CTO 和作家 Dan Woods 所提出，其比喻是：如果我们把数据比作大自然的水，那么各个江川河流的水未经加工，源源不断地汇聚到数据湖中。数据湖的权威定义（来自维基百科）：数据湖是一个以原始格式存储数据的存储库或系统，它按原样存储数据，而无需事先对数据进行结构化处理。一个数据湖可以存储结构化数据（如关系型数据库中的表），半结构化数据（如 CSV、日志、XML、

JSON），非结构化数据（如电子邮件、文档、PDF）和二进制数据（如图形、音频、视频）（图 3-35）。

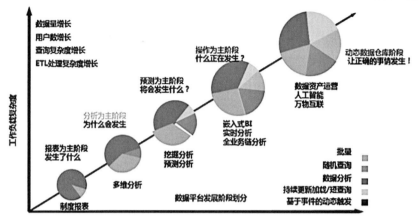

图 3-34 商务智能 BI

图 3-35 数据湖存储的数据

数据湖的作用如下：

（1）实现数据治理（data governance）；

（2）通过应用机器学习与人工智能技术实现商业智能；

（3）预测分析，如领域特定的推荐引擎；

（4）信息追踪与一致性保障；

（5）根据对历史的分析生成新的数据维度；

（6）有一个集中式的能存储所有企业数据的数据中心，有利于实现一个针对数据传输优化的数据服务；

（7）帮助组织或企业做出更多灵活的关于企业增长的决策。

Hadoop 是最常用的部署数据湖的技术，是用于实现数据湖的技术（图 3-36）。

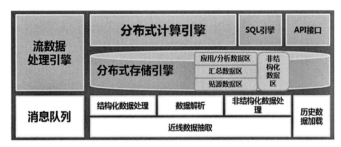

图 3-36　数据湖的数据处理架构

目前对数据仓库和数据湖的应用现状是，数据仓库基本能满足绝大部分企业的需求，只有少部分企业才能用到数据湖或大数据平台。对非结构化数据的处理，大多数企业本身除了数据存储之外，几乎不知道该怎么用。

典型的数据湖产品有 AWS 数据湖、微软 Azure 数据湖等。AWS 数据湖提供了大量的数据处理组件，支持把数据按需要移动、加载到不同地方；然后把数据清理好，建成数据目录。这些数据要安全的、合规地存好、管好，需要的时候使用工具把这些数据拿出来做各种分析。Azure 数据湖是在微软内部的大数据平台 Cosmos 的技术和经验教训基础上构建的。Cosmos 用来处理应用程序，如 Azure、AdCenter、Bing、MSN、Skype 和 Windows Live 的数据。Cosmos 有一个像 SQL 一样的查询引擎叫作 SCOPE，U-SQL 是在其上构建的。Azure 数据湖包括 Azure Datalake Store 和 Azure Datalake Analytics。前者是存储，有 API 提供。后者是分析平台。它的分析平台支持 Hadoop，也支持全新的 U-SQL（图 3-37）。

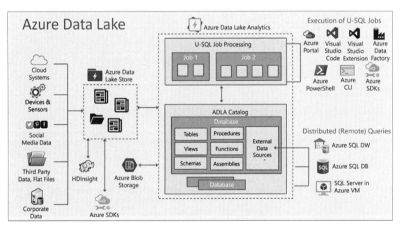

图 3-37　微软 Azure 数据湖

实际的建筑大数据平台开发，也集合建筑产业的业务领域知识，因此在平台架构上应至少包括大数据与智能中台及业务中台两大部分。典型的实现架构如图 3-38 所示。

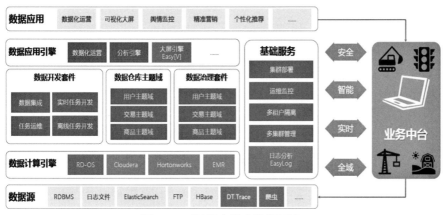

图 3-38 智慧建筑大数据平台

3.2.6 数字孪生建筑

数字孪生的关键特征有如下三点。

1. 多源异构数据融合

数据是数字孪生最核心的要素。它源于物理实体、运行系统、传感器等，涵盖仿真模型、环境数据、物理对象设计数据、维护数据、运行数据等，贯穿物理对象运转过程的始终。数字孪生体作为数据存储平台，采集各类原始数据后将数据进行融合处理，驱动仿真模型各部分的动态运转，有效反映各业务流程。所以，数据是数字孪生应用的"血液"，没有多元融合数据，数字孪生应用就失去了动力源。

2. 数据驱动精准映射

数字孪生的主体是面向物理实体与行为逻辑建立的数据驱动模型，孪生数据是数据驱动的基础，可以实现物理实体对象和数字世界模型对象之间的映射，包括模型、行为逻辑、业务流程以及参数调整所致的状态变化等，实现在数字世界对物理实体的状态和行为进行全面呈现、精准表达和动态监测。

3. 智能分析辅助决策

数字孪生的映射关系是双向的。一方面，基于丰富的历史和实时数据、先进的算法模型，可以高效地在数字世界对物理对象的状态和行为进行反映；另一方面，通过在数字世界中的模拟试验和分析预测，可为实体对象的指令下达、流程体系的进一步优化提供决策依据，大幅提升分析决策效率。

数字孪生的本质是：通过建模仿真，实现物理系统与赛博系统的相互控制，进而实现数据驱动的虚实一体互动和智慧决策支持（图 3-39、图 3-40）。

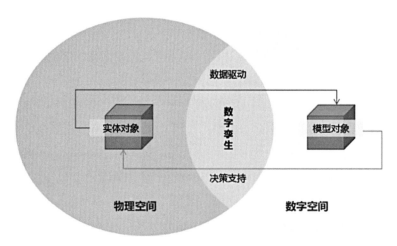

图 3-39　数字孪生系统概念图

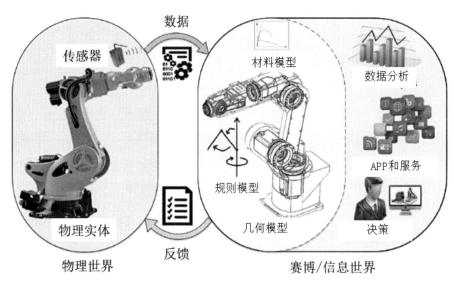

图 3-40　工业数字孪生系统

　　个性化生产是一种与第四次工业革命相关的先进制造理念，是为了应对多种类型的客户导向产品而发展起来的，个性化生产的主要目标是定制产品，以高质量。与客户之间合理产品交付同时保持可负担得起的价格。有效实施这一概念有三个主要阻碍：获取、成本、性能。基于数字孪生的信息物理生产系统架构可克服性能阻碍，此架构包含五项服务：生产计划、自动化执行、实时监控、异常情况通知和动态响应，这些服务是个性化生产性能障碍的解决方案，并基于产品、工艺、计划、工厂、资源信息模型进行信息运作（图 3-41）。

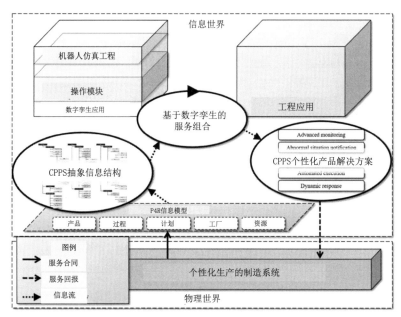

图 3-41 基于信息物理系统的个性化生产

3.2.7 数字孪生建筑开发实现步骤

智慧建筑的数字孪生系统开发实现步骤如下。

1. 业务建模：构建智能闭环工作流体系

根据实际需求，从业务场景抽象并构建工作流，进而构建一个工作流循环体，从假设、感知、认知、知识、建模、验证，最后通过知识工程提升并返回到"知识"。其实际是一个数字化的建模和验证过程，同时也是一个基于数字模型的迭代过程，最终将给出一个完善的，可重用的数字孪生模型（Digital Twin Model）。这个模型还可在数据驱动下自动运转、实现快速变更控制及具有与其他数字孪生模型（Digital Twin Model）和数字进程（Digital Thread）的关联集成功能。

2. 信息系统模型建立：构建智能复杂系统模型

运用数字孪生和数字进程使能机制，建立一个在知识体系 / 智能辅助下，由数据驱动的全新模型和运作架构，实现以信息和知识系统为核心的智能复杂系统模型（图 3-42）。

3. 建造多层级数字孪生建筑工程

以模型和数据为数字孪生的核心，建造单元级、系统级、SoS 级（系统的系统，复杂系统）多粒度数字孪生工程。从智能制造的角度来看，数字孪生可以分为三个层次，即单元级、系统级和 SoS。单元级、系统级和 SoS 级数字孪生是一个逐步推进的系统模型。系统级数字孪生可以看作是多个单元级数字孪生相互配合的集成。多个单元级数字孪生或多个系统级数字孪生构成 SoS 级数字孪生。多粒度数字孪生的层级可根据实际工程的复杂度自由伸缩，理论上是没有层级数量限制的（图 3-43）。

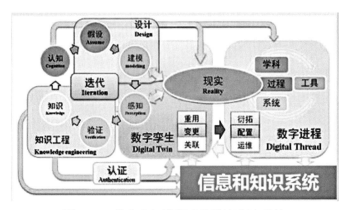

图 3-42　信息和知识驱动的数字孪生系统

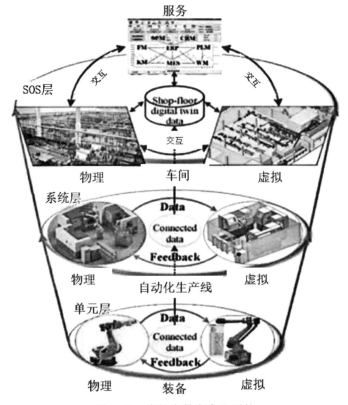

图 3-43　多粒度数字孪生系统

数字孪生建筑具有以下基本特征：全域立体感知、全系统可信互联、全体系精准管控、全数据智能决策、全景实时可视交互。在数据线索和模型体系的支撑下，实现数字建筑（信息空间）与物理建筑（物理空间）的虚实互动、虚实互控及虚实融合（图 3-44）。

（a）五大特征下的虚实互控

（b）建筑信息物理系统

图 3-44 数字孪生建筑系统

3.2.8 智慧建筑产业生态体系

智慧建筑新产业生态体系包含 8 大子体系：一是数字技术体系；二是政策标准体系；三是新商业模式体系；四是实体设施资产体系；五是大数据资产体系；六是产业链协作体系；七是安全信任体系；八是现代管理体系。

作为智慧城市的"细胞""基元"，智慧建筑应积极发展新产业生态体系，自底向上催生新基建时代智慧城市新产业生态快速形成（图 3-45）。

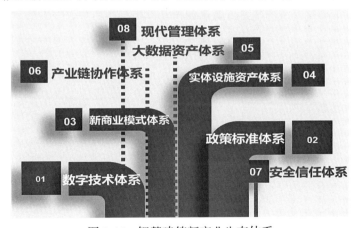

图 3-45 智慧建筑新产业生态体系

智慧建筑新产业生态体系的打造建议通过以下途径实现：

1. 大力培育发展智慧建筑新产业生态体系

（1）构建开放的智慧建筑体系架构。运用工程与系统科学结合的方法，构建开放架构。

（2）打造敏捷的智慧建筑网。构建一张以建筑物为节点的空天地一体化城市信息服务栅格网，为城市应急管理系统、疫情防控系统、公共服务系统的建设提供基础支撑。

（3）构筑安全的智慧建筑大数据体系。通过对数据的标准化、安全化、融合化，实现知识提取和价值萃取，辅助智能控制与决策，将数据转变成可流通的资产。再进一步，可构建城市智慧治理体系，提升城市治理能力。

（4）打造聪明的智慧建筑大脑。实现建筑资源和城市资源的汇集共享、跨部门的协调联动；提供统一运维平台，建立故障预测、预防、预警机制，构建故障实时响应与处置体系。

（5）建立先进的智慧建筑标准体系。通过政府主导，结合各种类型建筑的特色，分类规划设计标准架构和内容，使之能够服务于建筑产业实际应用。建立健全涵盖规划、设计、建设、运营、管理、评价等全链条的标准体系。实时跟进国际相关领域标准，保持与世界先进技术同步。

（6）建立高效的智慧建筑管理和治理体系。充分运用知识工程为核心的数字孪生理念与技术，打造高效的建筑运维、管理及相关联的工程、产业、经济治理体系。

2. 构建与国际同步的智慧建筑标准体系

针对未来智能建筑及城市标准的制定，给出五点研究和发展建议：一是结合新基建发展制定智能建筑及城市标准；二是增加智慧建筑与城市顶层设计类标准；三是增强智能建筑相关国际标准的参与度和话语权；四是构建以智能建筑为核心的智慧城市标准体系；五是加强标准示范项目建设与标准分阶段推广。

建议对标 IEC、ISO、CEN 等主流国际标准化组织的工作，结合我国国情构建以智能建筑、智能家居为核心，以智慧社区、智慧园区为一级标准环，以智慧城市为二级标准环，以泛智能建筑生态为三级标准环的"洋葱"结构泛智能建筑标准体系（图3-46）。

总结国际标准化组织的近期工作发现，网络安全、区块链、人工智能、数据安全、智能照明、节能材料等领域是国际标准制定的热点，也是几大国际标准化组织正在积极布局推进的工作，值得关注。

通过对智能建筑、智能家居、智慧社区、智慧园区、智慧城市国内外标准的信息查阅、汇总梳理、统计分析、综合研判，总的结论是：我国现有智能建

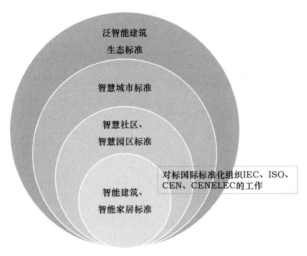

图 3-46 泛智能建筑标准体系构建

筑、智能家居标准相对蓬勃发展的产业来讲，数量相对较少，已经严重滞后于行业发展的实际需求。通过跟踪国际标准化组织 IEC、ISO、CEN、CENELEC 的工作，对比分析相关领域国际标准制定情况发现，我国在前瞻性、有深度、产业化价值大的专业细分领域尚缺乏洞察力和超前布局行动，因此在泛智能建筑领域的国际标准制定方面，与国际先进水平尚有差距。未来，按照产业链发展需求，结合前瞻性基础理论和技术的发展动向，设计好标准体系是关键，制定好核心标准是根本。

3. 构建指导工程落地的智慧建筑应用体系模型

该模型包括五大视图：智慧视图、工程视图、制度视图、服务视图、组织视图。在实际项目中，五大视图所涵盖的内容通过高度协同才能真正实现智慧型建筑（图 3-47）。

图 3-47 智慧建筑应用体系架构模型

3.3 智慧能源

3.3.1 绿色智慧城市政策环境

中国特色社会主义事业总体布局确定为经济建设、政治建设、文化建设、社会建设、生态文明建设五位一体。在"五位一体"总体布局中，经济建设是根本，政治建设是保障，文化建设是灵魂，社会建设是条件，生态文明建设是基础，这五个方面是相互影响的。建设生态文明，是关系人民福祉、关乎民族未来的长远大计。

党的十八大做出了把生态文明建设放在突出地位，纳入中国特色社会主义事业"五位一体"总布局的战略决策。十九大提出"践行绿色发展理念，改善生态环境，建设美丽中国"。近 5 年来，国家将生态文明建设纳入中国特色社会主义事业"五位一体"总体布局，"美丽中国"成为中华民族追求的新目标。

2015 年 4 月，中共中央、国务院印发了《关于加快推进生态文明建设的意见》，意见提出：到 2020 年，资源节约型和环境友好型社会建设取得重大进展，主体功能区布局基本形成，经济发展质量和效益显著提高，生态文明主流价值观在全社会得到推行，生态文明建设水平与全面建成小康社会目标相适应。

2016 年 1 月，环境保护部印发了《国家生态文明建设示范区管理规程（试行）》和《国家生态文明建设示范县、市指标（试行）》，旨在以市、县为重点，全面践行"绿水青山就是金山银山"理念，积极推进绿色发展，不断提升区域生态文明建设水平。

2016 年 12 月，中共中央办公厅、国务院办公厅印发了《生态文明建设目标评价考核办法》。国家发展改革委、国家统计局、环境保护部、中组部制定了《绿色发展指标体系》和《生态文明建设考核目标体系》。

2017 年 5 月 26 日，中共中央政治局就推动形成绿色发展方式和生活方式进行第四十一次集体学习。习近平提出了推动形成绿色发展方式和生活方式是贯彻新发展理念的必然要求，必须把生态文明建设摆在全局工作的突出地位，坚持节约资源和保护环境的基本国策，坚持节约优先、保护优先、自然恢复为主的方针，形成节约资源和保护环境的空间格局、产业结构、生产方式、生活方式，努力实现经济社会发展和生态环境保护协同共进，为人民群众创造良好生产生活环境。

1. 大力推进绿色城镇化

《关于加快推进生态文明建设的意见》指出：认真落实《国家新型城镇化

规划（2014—2020年）》，根据资源环境承载能力，构建科学合理的城镇化宏观布局，严格控制特大城市规模，增强中小城市承载能力，促进大中小城市和小城镇协调发展。尊重自然格局，依托现有山水脉络、气象条件等，合理布局城镇各类空间，尽量减少对自然的干扰和损害。保护自然景观，传承历史文化，提倡城镇形态多样性，保持特色风貌，防止"千城一面"。科学确定城镇开发强度，提高城镇土地利用效率、建成区人口密度，划定城镇开发边界，从严供给城市建设用地，推动城镇化发展由外延扩张式向内涵提升式转变。严格新城、新区设立条件和程序。强化城镇化过程中的节能理念，大力发展绿色建筑和低碳、便捷的交通体系，推进绿色生态城区建设，提高城镇供排水、防涝、雨水收集利用、供热、供气、环境等基础设施建设水平。所有县城和重点镇都要具备污水、垃圾处理能力，提高建设、运行、管理水平。加强城乡规划"三区四线"（禁建区、限建区和适建区，绿线、蓝线、紫线和黄线）管理，维护城乡规划的权威性、严肃性，杜绝大拆大建。

2. 大力发展绿色产业

《关于加快推进生态文明建设的意见》强调：大力发展节能环保产业，以推广节能环保产品拉动消费需求，以增强节能环保工程技术能力拉动投资增长，以完善政策机制释放市场潜在需求，推动节能环保技术、装备和服务水平显著提升，加快培育新的经济增长点。实施节能环保产业重大技术装备产业化工程，规划建设产业化示范基地，规范节能环保市场发展，多渠道引导社会资金投入，形成新的支柱产业。加快核电、风电、太阳能光伏发电等新材料、新装备的研发和推广，推进生物质发电、生物质能源、沼气、地热、浅层地温能、海洋能等应用，发展分布式能源，建设智能电网，完善运行管理体系。大力发展节能与新能源汽车，提高创新能力和产业化水平，加强配套基础设施建设，加大推广普及力度。发展有机农业、生态农业，以及特色经济林、林下经济、森林旅游等林产业。

3. 大力推进节能减排

《关于加快推进生态文明建设的意见》提出：发挥节能与减排的协同促进作用，全面推动重点领域节能减排。开展重点用能单位节能低碳行动，实施重点产业能效提升计划。严格执行建筑节能标准，加快推进既有建筑节能和供热计量改造，从标准、设计、建设等方面大力推广可再生能源在建筑上的应用，鼓励建筑工业化等建设模式。优先发展公共交通，优化运输方式，推广节能与新能源交通运输装备，发展甩挂运输。鼓励使用高效节能农业生产设备。开展节约型公共机构示范创建活动。强化结构、工程、管理减排，继续削减主要污染物排放总量。

典型节能减排工程原理如图 3-48 所示。

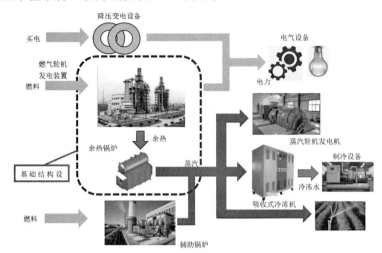

图 3-48 典型节能减排工程

3.3.2 绿色智慧城市内涵

绿色智慧城市定义：贯穿绿色发展和生态文明理念，以人工智能、5G、区块链、自动控制、信息物理系统（CPS）等为技术支撑的现代城市，包含绿色智慧能源互联网、绿色交通、绿色制造、绿色建筑等核心业务领域，具有智能＋、泛在物联、经济节能、生态宜居等显著特征。

基于绿色智慧能源互联网构建的绿色智慧城市如图 3-49 所示。绿色交通、绿色制造、绿色建筑是绿色智慧能源互联网的核心支撑性业务领域，也是构成广义能源互联网的核心板块。

图 3-49 基于能源互联网的绿色智慧城市

　　绿色智慧城市的技术要素主要包括：AI、5G、自动化、云。大数据是流转于这些技术之间的另一核心要素。从业务视角分析，绿色智慧城市包括：绿色产业、绿色设施、绿色环境、绿色运营几个核心板块，如图3-50所示。

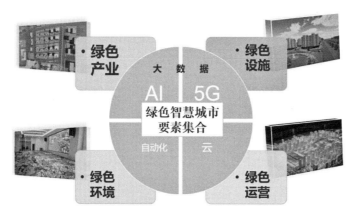

图3-50　绿色智慧城市的核心组成要素

绿色智慧城市的发展演进历程如图3-51表示。

图3-51　绿色智慧城市发展演进历程

　　一般说来，智能物联网的系统架构划分为三个层次。

　　感知层。利用传感设备及技术，如温度传感器、湿度传感器、二维码标签、RFID标签和读写器、摄像头标签和读写器、摄像头，支撑技术包括GPS以及WiFi、智能蓝牙、NFC/RFID和ZigBeeZ-Wave等短距离无线技术，自动识别并获取物体的信息，并转换成数字信号。

　　网络层。通过各种网络与互联网的融合，将感知到的信息进行标准化封装，实时准确地传递到信息处理中心。

　　应用层。对感知得到的信息进行处理，并进行智能分析处理、实现精准监控和有效管理等各种实际应用。

E2X——"Energy to X"（能连万物）分为两部分：

（1）多种能源间互联，也就是 E2E（Energy to Energy）；

（2）能源与其他基础设施及城市部件的互联，即 E2C（Energy to Infrustructure and City）。

综合人工智能与物联网来看，绿色智慧城市是智能物联网的产物。基于能源节点，层层扩展，经由能源互联网和泛在智能物联城市，可达绿色智慧城市。如图 3-52 所示。

图 3-52　基于能源互联网的绿色智慧城市

从 5G 和 AI 综合的角度来看，5G 为城市提供了无处不在的连接，AI 则为城市提供了无处不在的智能，二者的结合，再融合城市业务系统，便奠定了泛在智能物联城市的基础，如图 3-53 所示。

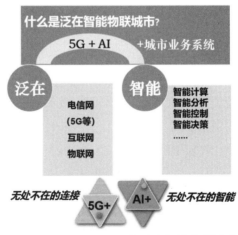

图 3-53　基于 5G + AI 的泛在智能物联城市

从 5G 出发构建泛在智能物联城市的基本路径如图 3-54 所示。

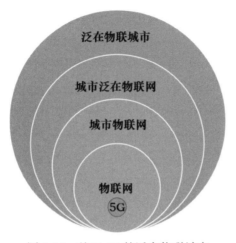

图 3-54 基于 5G 的泛在物联城市

城市的数字化、智能化转型纷繁复杂，没有任何一种技术可以独立支撑城市数字化，一定是多种技术的组合。当前，"5G+AI"已经成为一个城市转型为智慧城市的最基本技术手段。

3.3.3 泛在能源物联网

能源互联网（Internet of Energy）：综合运用先进的电力电子技术、信息技术和智能管理技术，将大量由分布式能量采集装置、分布式能量储存装置和各种类型负载构成的新型电力网络、石油网络、天然气网络等能源节点互联起来，以实现能量双向流动的能量对等交换与共享网络。

泛在电力物联网是围绕电力系统各环节，充分应用移动互联网、物联网、人工智能等现代信息通信技术，实现电力系统各环节万物互联、人机交互，具有状态全面感知、信息高效处理、应用便捷灵活的特征（图 3-55）。

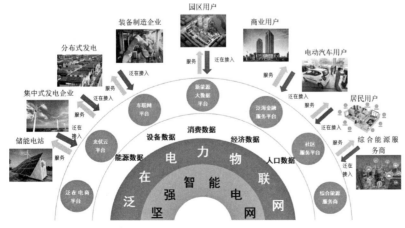

图 3-55 泛在电力物联网全景图

泛在能源物联网是包含泛在电力物联网，但比其范畴更宽的概念，它是指围绕能源系统各环节，充分应用移动互联网、物联网、人工智能、云计算、大数据、智能控制等现代信息化技术，实现能源系统各环节泛在智能互联、全面状态感知、高效信息处理、精准实时控制、智能人机交互、高效智能决策的智慧能源系统。

泛在能源物联网用到的主要通信技术简介如下。

广域无线连接主要由授权频谱网络及非授权频谱网络两种连接方式构成。在国内，授权频谱网络主要指的是几大运营商广泛部署的基于 3GPP 支持的 2G/3G/4G/5G 蜂窝通信技术的网络。在运营商网络中，NB-IoT（窄带物联网）与 eMTC（增强机器类通信）均属于 LPWAN（Low-Power Wide-Area Network，低功耗广域网）技术，具备成本低、能源消耗少、覆盖广等优势。NB-IoT 构建于蜂窝网络，可进一步降低部署成本、实现平滑升级。NB-IoT 具有强链接、超低功耗、深度覆盖、安全性强、稳定可靠的特点。eMTC 同样具有以上特点，两者之间的核心区别在于，eMTC 在时延和吞吐量有较大优势，成本相对较高。现阶段，对吞吐量和时延性的要求尚未达到快速发展阶段，NB-IoT 的部署比 eMTC 更加广泛，长远来说，NB-IoT 与 eMTC 是以运营商为主体的授权频谱广域无线网络的两种互补的 LPWAN 技术。未授权频谱网络可以理解为企业自建网络，包括 LoRa、Sigfox 等技术。未授权频谱网络中 LoRa 与授权频谱的 NB-IoT 及 eMTC 是国内主流的 LPWAN 技术，前两者是近年来部署最为广泛的两类物联网。由于 LoRa 的覆盖广、功率低、高稳定性的特点，是最广受欢迎的未授权频谱物联网技术。国内物联网网络通信发展的大部分份额是广域无线网络，也就是 NB-IoT 与 LoRa 所代表的两种参与模式。NB-IoT 是运营商建网，参与方不需要考虑基站建设，参与门槛低，但网络质量与组网情况（深度、密度）均受到运营商制约，数据也要经过运营商，存在保密性、安全性的风险。LoRa 则由业主进行自主组网，可自由把控网络质量，控制网络资源及数据资源，但投入较大，需考虑基站建设及配套设施。

物联网日益呈现出泛在化的特征，使除了可以进行边缘计算的大多数业务进行云化成为最优的解决方案，云服务平台提供的是中心化的算力资源和 IT 组件管理。各大云服务商均在互联网云服务的基础上进行针对物联网的提升与优化，同时各类专业物联网云服务企业，例如工业物联网、医疗物联网等云服务商也有其根据行业特性推出的云服务平台，云服务平台的基础是基础设施构建及连接管理服务，这相当于物联网云服务市场的运营商。其他云服务参与者在基础设施的基础上进行开发，推出包括设备管理、应用使能、业务管理等物联网云服务。同时，前沿大数据技术在云端得到充分应用，数据与算力的快速整合为大数据的应用提供养分，降低了大数据处理的成本和门槛，亦促进算法的迭代优化。

与智能电网比，能源互联网、泛在能源物联网包含的东西要更多，试图把各种能源形式组合成一个超级网络，包含了智能通信、智能控制、人工智能、智能电网、智能交通等众多智能与绿色概念。能源互联网的实现需要具备以下三个核心要素：（1）互联网技术的支撑。通过大数据、云计算以及物联网等先进信息技术构建多能融合能源网络，以此连接供求两端，实现能源流、能量流和信息流互联互通，用户可以及时了解电能的供给和需求数据。（2）可再生能源的充分利用。能源互联网需要一个载体，能够将诸如风能、太阳能和生物能等新能源突破地域和环境限制输送到各类用户，并将多余的能量有效储存。（3）有效的商业模式。能源互联网是一个开放、融合和互动的平台，也是现在商业主体投资的新热点。能源市场的逐渐开放会吸引更多的参与者，在市场的激烈竞争中打造以用户为中心，以数据为核心，以技术为驱动力，以创新为契机的商业模式经营理念。

能源互联网为解决可再生能源的有效利用问题提供了可行的技术方案。能源是现代社会赖以生存和发展的基础。为了应对能源危机，各国积极研究新能源技术，特别是太阳能、风能、生物能等可再生能源。可再生能源具有取之不竭、清洁环保等特点，受到世界各国的高度重视。可再生能源存在地理上分散、生产不连续、随机性、波动性和不可控等特点。传统电力网络集中统一的管理方式，难以适应可再生能源大规模利用的要求。对于可再生能源的有效利用方式是分布式的"就地收集，就地存储，就地使用"。但分布式发电并网并不能从根本上改变分布式发电在高渗透率情况下对上一级电网电能质量、故障检测、故障隔离的影响，也难于实现可再生能源的最大化利用。只有实现可再生能源发电信息的共享，以信息流控制能量流，实现可再生能源所发电能的高效传输与共享，才能克服可再生能源不稳定的问题，实现可再生能源的真正有效利用。

三种对能源互联网的理解（图3-56）：（1）从通信的角度，强调各种设备的互联，以华为等通信公司为代表；（2）从软件的角度，强调第三方数据的优化管理，以美国Opower等公司为代表；（3）从国与国之间的广域角度，强调跨区域电网的互联，以国家电网为代表。

中国首次提到能源互联网的概念，是2015年9月26日国家主席习近平在纽约联合国总部出席联合国发展峰会，发表题为《谋共同永续发展 做合作共赢伙伴》的重要讲话。习近平在讲话中宣布：中国倡议探讨构建全球能源互联网，推动以清洁和绿色方式满足全球电力需求。

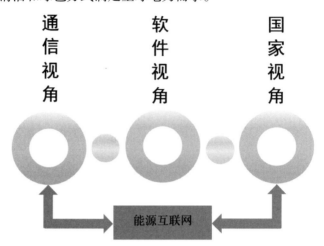

图 3-56　三种对能源互联网的理解

2016 年 2 月，国家发展改革委、国家能源局、工业和信息化部联合发布《关于推进"互联网 +"智慧能源发展的指导意见》（发改能源［2016］392 号）。

2017 年，国家能源局发布《国家能源局关于组织实施"互联网 +"智慧能源（能源互联网）示范项目的通知》（国能科技［2016］200 号），并公开组织申报"互联网 +"智慧能源（能源互联网）示范项目。

伴随着美国未来学家里夫金《第三次工业革命》一书的出版，能源互联网领域的概念在国内逐渐被炒热。把互联网技术与可再生能源相结合，在能源开采、配送和利用上从传统的集中式转变为智能化的分散式，从而将全球的电网变为能源共享网络。

近两年，能源互联网已成为学术界、产业界探讨和积极实践的热点，正扮演者能源改革先行者的角色。国内的相关研究机构主要有清华大学、国家电网、新奥集团、远景能源、南瑞集团、华北电力大学等。

2017 年 7 月，国家能源局正式公布包括北京延庆能源互联网综合示范区、上海崇明能源互联网综合示范项目等在内的首批 55 个"互联网 +"智慧能源（能源互联网）示范项目，并要求首批示范项目原则上应于 2017 年 8 月底前开工，并于 2018 年底前建成。

其中城市能源互联网综合示范项目 12 个、园区能源互联网综合示范项目 12 个、其他及跨地区多能协同示范项目 5 个、基于电动汽车的能源互联网示范项目 6 个、基于灵活性资源的能源互联网示范项目 2 个、基于绿色能源灵活交易的能源互联网示范项目 3 个、基于行业融合的能源互联网示范项目 4 个、能源大数据与第三方服务示范项目 8 个、智能化能源基础设施示范项目 3 个（图 3-57）。

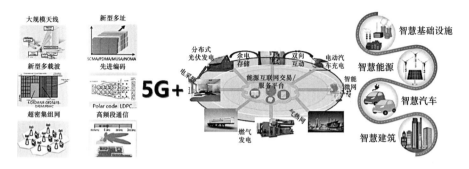

（*a*）5G 与能源互联网融合

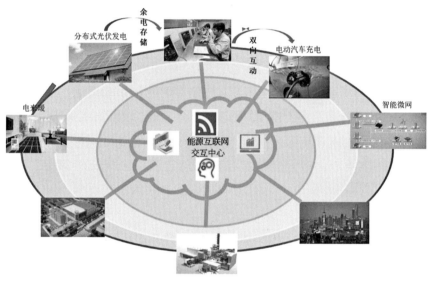

（*b*）能源互联网

图 3-57　5G 能源互联网

3.3.4　城市级智慧能源体系建设

当前国内智慧城市在智慧能源体系建设方面主要存在以下问题：

（1）系统性的理论体系尚未建立。城市级智慧能源体系需要一套严谨的理论体系来支撑。目前对城市级智慧能源体系的定义、边界、构建方法、主要任务、实施路径等关键问题并没有真正厘清，也没有形成成熟的理论体系成果和实时方案，因此从某种程度上制约了实际项目的质量。

（2）核心技术仍需突破。城市智慧能源体系涉及的技术面较宽，从学科支撑上看，也不是单一学科支撑。目前，城市智慧能源体系中的以下核心技术仍未得到很好解决：一体化城市级能源大数据资源体系构建；城市智慧能源统一网络体系构建；城市智慧能源系统中的智能系统模型（包含机器学习算法）体系构建；城市智慧能源细分业务领域建模。总之，还有很多技术与能源应用系统相融合时出现的技术问题还需进一步突破。

（3）体制机制仍需健全。从我国现有的关于智慧城市、能源互联网、新基建等相关方面的政策、法规、制度等分析，面向智慧城市的智慧能源体系方面的政策法规仍是空缺状态，相关的政府管理部门、企业及这些单位内部的组织架构、体制、制度是否能够满足智慧能源体系发展的实际需求，都有待细致调研分析。总的来看，是需要大力度推进体制、机制、机构改革，以更好地适应城市智慧能源体系发展需求。

绿色智慧城市建设以泛在能源物联网为基础，泛在智能能源物联网是泛在能源物联网融合了智能要素后形成的具有"泛在智能"特征的新一代能源物联网。泛在智能能源物联网要与智慧城市深度集成，在智慧城市的框架下系统性建设推进。在落地层面，要结合绿色智慧城市的发展需求，通过以下三方面实现完成任务：一是要定义好绿色智慧城市泛在智能能源物联网；二是要设计出清晰的绿色智慧城市泛在智能能源物联网体系架构、实现方法及实施路径；三是要拿出可实操的技术方案。

绿色智慧城市泛在智能能源物联网的定义从理解 E2X 开始。我们提出 E2X——"Energy to X"（能连万物）概念，认为 E2X 的实现由三个步骤组成：

第一步是多种能源间互联，也就是 E2E（Energy to Energy）；

第二步能源与其他基础设施及城市部件的互联，即 E2C（Energy to Infrastructure and City）；

第三步是构建城市内部综合能源体系（简称：城市综合能源体系），由城市综合能源体系叠加人工智能后形成绿色智慧城市智能能源物联网。由绿色智慧城市智能能源物联网拓展连接城市外部智慧能源体系，进一步构建出广域意义上的泛在智能能源物联网。

综上，存在如下逻辑：以 E2X 为手段，基于城市能源节点，层层扩展，经由城市综合能源体系（含：城市能源基础设施体系、城市能源互联网、城市智慧能源管理体系），抵达绿色智慧城市。

与智能电网比，泛在智能能源物联网包含的东西要更多，试图把各种能源形式组合成一个超级网络，它包含了智能电网、城市基础设施、互联网、通信、智能控制、人工智能等众多智能、基础设施及绿色要素。泛在智能能源物联网通过以下四个方面的建设开发与综合应用实现：

（1）综合能源体系。泛在智能能源物联网需要一个能源载体，综合能源体系提供了这种承载。综合能源体系能够将诸如风能、太阳能、地热、生物能等多种能源突破地域和环境限制输送到各类用户，并将多余的能量有效储存。

（2）空天地泛在网络技术。空天地泛在网络技术主要包括 5G、传感网、工业控制网络、空天网、互联网、广电网等各种形式的网络。通过空天地泛在网连接供求两端，实现能源流、能量流、信息流、物流、人流、资金流等多资源流的互联互通与高效协同，管理者和用户可以及时获取能源的供给和需求数据。

（3）大数据智能应用体系和知识决策体系。大数据与人工智能技术融合，再与应用体系融合后诞生大数据智能应用体系，包含技术体系与管理体系两部分。进一步，再由大数据智能应用体系、知识图谱、逻辑推理、专家系统、管理内容、管理流程等融合形成知识驱动型智慧决策体系（简称知识决策）。"大数据智能应用体系＋知识决策体系"是支撑泛在智能能源物联网落地实现的关键。

（4）能源新基建体系及其商业模式。泛在智能能源物联网是一个高度开放、深度融合、高效协同、频繁互动的系统，其商业模式的构建与固化需要综合考虑市场、政策、技术、用户等多种因素的影响，目标是搭建出一个具有自我赋能能力、可持续盈利、可持续发展的能源新基建体系。随着能源市场的逐渐开放，能源新基建体系会吸引更多的参与者，成为商业主体投资的新热点，在市场的激烈竞争中打造出以用户为中心、以数据为核心、以技术为驱动力、以创新为契机的能源新基建商业模式，创新能源经营理念。

当前，能源领域的智慧化要数电力相对靠前，燃气和热力则比较落后，未来燃气和热力应借鉴电力智能化发展经验，并构建出多种能源互联共享的综合智慧能源体系。

泛在电力物联网围绕电力系统各环节，充分应用移动互联网、物联网、人工智能等现代信息通信技术，实现电力系统各环节万物互联、人机交互，具有状态全面感知、信息高效处理、应用便捷灵活的特征。泛在能源物联网是包含泛在电力物联网但比其范畴更宽的概念，也包含了以燃气、热力、水等能源为基础构建的能源物联网。泛在能源物联网是指围绕能源系统各环节，充分应用移动互联网、物联网、人工智能、云计算、大数据、智能控制等现代信息化技术，实现能源系统各环节泛在智能互联、全面状态感知、高效信息处理、精准实时控制、智能人机交互、高效管理、智慧决策的智慧能源系统。因此，泛在能源物联网已经将电力、燃气、热力、水等垂直能源物联网纳入其范畴，通过综合能源智能管理与决策平台衔接各垂直能源体系。当前燃气和热力系统的网络化、数字化、智能化程度没有电力系统那么高，应学习电力系统泛在电力物联网的做法，积极构建泛在燃气物联网、泛在热力物联网，并逐步上升到泛在智能燃气物联网、泛在智能热力物联网，并与绿色智慧城市建设有机集成起来，并入绿色智慧城市泛在智能能源物联网，与绿色智慧城市中的绿色制造互联网、绿色建筑互联网、生态环境网、绿色农业网等打通，共同构筑出绿色智慧城市泛在能源体系。

从技术上看，目前的数字技术和能源技术已经可以支撑构建出初步智能的绿色智慧城市泛在能源体系。深度智能的绿色智慧城市泛在能源体系应在绿色智慧城市泛在能源大数据体系构建完成并成功运营后再发展。

我国加快推进城市级智慧能源体系建设的建议如下：

由绿色智慧城市泛在智能能源体系可直接打造城市级智慧能源体系。在我国加快推进城市级智慧能源体系建设方面，给出以下四点建议：

（1）政策维度：政府提供政策支持，为城市级智慧能源体系发展提供总体保障

从政策上看，目前还没有特别针对性的促进政策颁布，期待国家有关部门高度关注并支持绿色智慧城市泛在智能能源体系的构建与发展，从城市与能源协同发展的角度加快推进泛在智能能源体系的落地实施，尽快构建城市泛在智能能源政策体系，出台城市泛在智能能源支持政策，从政策上给予保障，进而支撑国家新基建战略的落地实施。

在政策的设计上，要充分考虑并吸纳国家其他相关政策精神，可参考政策精神见本书 3.3.1 节。

（2）基础维度：注重基础理论研究，构建理论支撑体系

城市级智慧能源体系的研究发展应注重基础理论研究及理论支撑体系构建，注重理论与工程实践结合。在方法上，可采用定性与定量研究相结合的方式。城市级智慧能源体系的基础理论体系包含以下关键理论板块：综合能源、多能流、能源互联网、能源路由器、智能传感、智能检测、信号处理、小波算法、神经网络负荷预测、神经网络故障诊断、专家系统、深度学习算法与模型、图像模式识别、人机交互、分布式采集、智能群控策略、时序数据修正、多因素时序数据预测、无线物联网通信、现场总线、5G、BIM、VR/AR、智慧城市等。应尊重我国能源、城市发展的现实基础，遵循我国智慧城市规划建设运营的基本规律和一般模式，基于能源基础设施与城市空间格局协同规划原

则，研究城市级智慧能源体系的基础理论，构建城市级智慧能源体系的基础理论体系。

（3）技术维度：构建以"数智网"为操作系统的城市智慧治理体系和城市智慧能源体系

习近平总书记强调，要推进治理体系和治理能力现代化。针对城市智慧治理体系构建，我们提出城市数智网方法。城市数智网：在城市空间内，以数据流纵横联通编织神经网络，以"人工智能+"城市业务领域，全时空优化形成大规模并行计算神经元触点群，打造出高度智能、协同、自治的数字生命体。城市数智网是物理城市的虚拟镜像，它以新型信息基础设施超融合体作为引擎驱动城市域经济社会发展，是城市智慧治理体系的智慧支撑。

城市智慧能源体系是城市智慧治理体系的一个子集。城市智慧能源体系的构建可以选择以泛在智能能源物联网为支点，采用城市智慧治理体系的思想、方法、技术、模式，打造面向城市能源领域的专用智慧体系。

（4）标准维度：构建城市智慧能源标准体系，制定城市智慧能源标准

目前，我国的城市智慧能源标准体系尚未形成，相关标准亟待制定。建议针对城市智慧能源体系建设，构建由国家标准、行业标准、团体标准共同组成的标准序列，制定由基础标准、通用标准、专业标准共同组成的标准体系。三年后初步建成我国城市智慧能源标准体系，五年后基本建成我国城市智慧能源标准体系，然后进入深化完善期。未来的城市智慧能源系统建设应坚持标准先行、规范引领原则，政府和投资方要积极引导各参与方采用统一标准，以提前避免重复投资建设、资源浪费、体系混乱等现象，高起点规划建设新基建基础上的城市智慧能源体系。

3.3.5 能源互联网投融资情况

能源互联网通过整合各种能源形式，并组合成一个超级网络。包含了智能通信、智能控制、智能电网、智能交通等智能与绿色概念。从政府管理者视角来看，能源互联网是兼容传统电网的，可以充分、广泛和有效地利用分布式可再生能源、满足用户多样化电力需求的一种新型能源体系结构；从运营者视角来看，能源互联网是能够与消费者互动的、存在竞争的一个能源消费市场，只有提高能源服务质量，才能赢得市场竞争；从消费者视角来看，能源互联网不仅具备传统电网所具备的供电功能，还为各类消费者提供了一个公共的能源交换与共享平台。

因此，在能源互联网投资建设方面，可以参考智能电网及电力行业的发展

模式。从目前情况看，电力投资模式主要包括：BOO、BOT、BLT、POT 模式等。能源互联网覆盖地区广、投资金额大，需要构建多元化、多主体、多层次的投资体系。各类投资主体可综合利用绿地投资、并购、合作开发等多种方式扩大投资合作。可以充分借鉴基础设施投资经验，PPP 是一种较为理想的项目投资模式。PPP 模式有利于整合区域优势资源，能够匹配大型电网项目较长的项目周期，加强政府和社会资本合作，有效分担和化解投资风险。我国新能源、能源电力及智能电网投融资情况如图 3-58～图 3-60 所示。

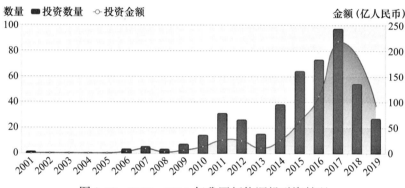

图 3-58　2001—2019 年我国新能源投融资情况

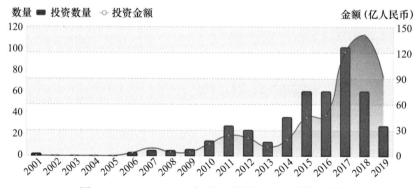

图 3-59　2001—2019 年我国能源电力投融资情况

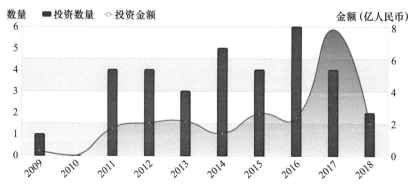

图 3-60　2009—2019 年我国智能电网投融资情况

近年来，能源互联网的提出和发展体现了深刻的环境、经济、社会、技术和政策诸多综合因素的诉求。能源互联网已经成为学术界和产业界的关注焦点和创新前沿。相比美国、德国等发达国家，我国能源互联网起步较晚，但随着经济社会的快速发展，一系列政策制度的出台，在能源互联网技术方面攻坚克难，我国的能源互联网得到了快速发展，并取得了积极成果。特别是 5G 技术的快速发展，5G＋能源互联网将是未来的主流趋势。5G＋能源互联网将从根本上改变对传统能源利用模式的依赖，推动传统能源产业转型，实现以可再生能源和 5G＋、互联网＋为基础的新兴能源产业转变，为我国能源转型提供坚强的技术保障，将对人类社会生活方式产生根本性革命。

目前，我国已经对能源管理系统进行开发，各种试验工作进入起步阶段，不同研究单位和相关的企业，从不同层面进行了技术的开发与管理。目前的能源系统主要由能源管理平台、通信系统和终端三个部分组成，对能源的使用状况进行重要的监测。它以大数据物联网、移动互联网的技术作为主要的依托，采用分层布局的结构，根据数据来感知电、热、气等多种能源的生产、输送和消费。主要集中在以下几个方面：（1）创新能源生产模式；（2）创新需求侧消费模式；（3）实现能源的供需互动。在动态价格能源机制管理过程当中，能源管理系统能够充分发挥装置电、动、汽车的电能负荷调动功能，在电力需求较低时进行电能的存储，在用电高峰来获得更高的经济效益，实现电力系统负荷的灵活调节和综合运用，实现削峰补缺，提高能源的利用效率。

3.3.6　综合能源相关政策

2016 年 1 月，河北省人民政府办公厅发布了《关于推进全省城镇供热煤改电工作指导意见》：对集中供热不能覆盖、不宜实施煤改气、电力充足的区域全面实施煤改电。电能供热站可采用地源热泵、污水源热泵、空气源热泵、余废热源热泵等电力驱动供热方式。

2016 年 10 月，河北省发改委印发《河北省可再生能源发展"十三五"规划》：创新开发利用模式，开展电供暖、热泵供暖、干热岩供暖等工程建设。

2017 年 6 月，国家发改委发布《关于加快推进天然气利用的意见》，提出大力发展天然气分布式能源，在大中城市具有冷热电需求的能源负荷中心、产业和物流园区、商业中心、医院、学校等推广天然气分布式能源示范项目。在管网未覆盖区域展开以 LNG 为气源的分布式能源应用试点，细化完善天然气分布式能源项目并网上网办法。

根据国家发改委运行快报统计，2017 年我国天然气消费量 2373 亿 m³，目前全国天然气平均销售价格约为 2～3 元 /m³，据此计算，2017 年我国天然气市场规模约为 0.47 万亿～0.71 万亿元。《天然气发展"十三五"规划》提出，到 2020 年使天然气占一次能源消费比重力争提高到 10% 左右，逐步把天然气培育成主体能源之一。在目前我国雾霾现象频发的状况下，各地都加大了"煤改气"的力度，天然气需求出现爆发式增长。2017 年，在气源供应不足的情况下，天然气年消费增量超 300 亿 m³，增幅和增量均创历史新高。按此趋势，预计到 2020 年我国天然气消费量极有可能实现 3600 亿 m³，考虑到天然气供应紧张和技术进步因素，价格增减相抵消，天然气价格仍按 2～3 元 /m³ 测算，届时我国天然气消费市场潜力将达到 0.72 万亿～1.08 万亿元。近年来我国天然气利用呈现出一些新的特点：消费结构不断优化，城市燃气继续成为增长动力；天然气消费区域扩展，城镇气化率超过 30%；国内市场供需失衡，需求受到抑制。

3.3.7　5G 能源互联网

5G 能源互联网架构构建需要多能接入，多能协同，分布式异构网络，市场机制介入，5G 大范围多点供需优化等多维度的研究和整合。5G 能源互联网架构的设计基础是物联网（图 3-61～图 3-63）。

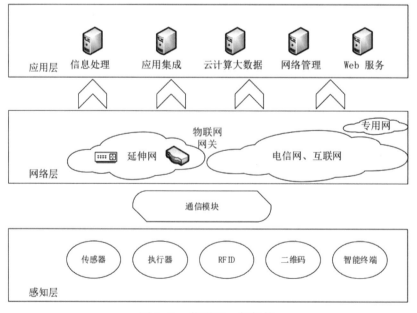

图 3-61　物联网一般架构

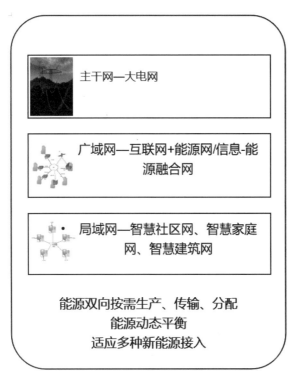

图 3-62　能源互联网层级

图 3-63　5G 能源互联网架构

当前，无论是德国工业 4.0，还是中国制造 2025，应对新一轮全球竞争所采取的国家战略都需要借助网络来实现。以 AI 为代表的智能化技术正在掀起第四次工业革命浪潮。以 5G 为代表的移动通信技术正与 AI、大数据紧密结合，开启一个万物互联的全新时代。如果说能源是工业化的血液，则能源网络就是工业化的神经。5G 网络不仅给我们带来更好的带宽体验，而且还担负着一个更重要的使命——能使垂直行业以超高带宽、超低时延以及超大规模连接改变垂直行业核心业务的运营方式和作业模式，全面提升传统垂直行业的运营效率和决策智能化水平。作为典型垂直行业的代表，能源电力对通信网络提出了新的挑战。能源互联网将构建一个以电力系统为核心和纽带、多类型能源综合利用、能量—信息—经济三元驱动的能源供用生态系统。其改革和发展，对信息通信的泛在性、开放性、可靠性、智能性、可信性提出了新要求。新的互联网要求高速、多样、实时实现全面感知和全程在线，要求大幅提升信息通信对电网业务的支撑能力，以实现能源系统的智能自治、平等开放、绿色低碳、安全高效和可持续发展。相比智能电网，能源互联网更关注新能源的占比和影响。在能源层面，能源互联网试图把各种能源组合成一个包含智能通信、智能电网、智能交通等众多智能与绿色概念的超级网络。在此背景下，能源互联网与 5G 网络的深度结合必将推动能源行业安全、清洁、协调和智能发展，提升能源行业信息化、智能化水平，真正为经济发展提供可靠的用能保障，为智能化工业革命提供坚实的基础。

5G 能源互联网是能源和信息双向流动的对等网络。开放、对等、互联和分享是能源互联网的基本特征。能源互联网信息采集和数据传输需要 5G 网络高速的数据传输速率和低时延，以保证电网信息流的双向传输；多元化的数据融合与信息展示平台是数据汇聚点和能源互联网信息加工后的展示，需要大数据技术对数据进行挖掘和分析，对数据处理结果有针对性地输出和应用；能源互联网的高级应用是对网上的各个单元提供服务和应用平台，需要 5G 网络提供相应的用户体验质量保障和安全保障。能源互联网要适应全球信息通信的大幅扩张，要求信息通信的安全性、实时性以及可靠性必须有更大的创新和突破。能源互联网中，通信技术充当中枢神经系统，对能源进行合理调配，促进未来新应用和服务的产生。分布式能源接入、电动汽车服务、用电信息采集、配电自动化、用户双向互动等业务快速发展；各类电网设备、电力终端、用电客户通信爆发式增长；服务于无处不在的采集、传输传感器组成的无线网络使能源互联网需要实时、稳定、可靠、高效的新兴通信技术及系统支撑，新的电力服务和交易平台更需要优质网络。相比 4G 网络，5G 能力更加突出，有助于能源互联网瓶颈的突破。5G 技术的引入，使无处不在的网络为能源行业带来各种新变革。由于智能设备可能实现远程监控、跟踪、自动修复以及新的交互模式等新服务功能，5G 网络将大大提升能源互联网的价值。同时，5G 为数据和内容的传送、管理、响应提供了大量机会。可再生能源、分布式电源、储能、电动车、电网以及各种能源流动管路等能源硬件，能量管理系统、监控系统、交通运维系统等能源软件，都将提高网络连接性能，大幅增强运营支持能力，加速实现 5G 和能源互联网的真正融合。5G 技术与能源行业的融合将促进能源业务应用创新、能源终端产品创新，并带动能源互联网相关消费，有效促进可再生能源、电动汽车、电网通信、智能电网等垂直领域应用的发展。作为能源行业智能化升级的关键基础设施，5G 技术将渗透到能源行业生产、消费、销售、服务等各个环节，推动研发、设计、营销、服务等进一步数字化、智能化、协同化，实现能源领域全生命周期、线上线下、消费、生产全价值链的智能化管理。

5G 是全新一代的无线通信技术，设计之初就考虑了物—物（机器通信）、人—物通信的需求场景。超低时延、海量接入的特性可保证电网信息流的双向高速传输，保证大规模用户、大量业务的安全高效运行。5G 网络的切片技术可达到与"专网"同等级的安全性和可隔离性，能对各个用户单元提供个性化服务，相比企业自建光纤专网，成本大幅降低。5G 边缘计算技术通过网关分布式下沉部署实现本地流量处理和逻辑运算，实现带宽节省和时延缩短，进一步满足电网工控类业务的超低时延需求。

4　数字孪生基础理论与技术

创新基础设施主要是指支撑科学研究、技术开发、产品研制的具有公益属性的基础设施，比如，重大科技基础设施、科教基础设施、产业技术创新基础设施等。本章重点就数字孪生这一创新基础设施进行研究和论述。从全球数字孪生的发展情况及最新进展、数字孪生基础理论、数字孪生核心技术几个角度全方位阐述数字孪生，提出一些原创性观点，提出数字孪生的技术体系，提出数字孪生建模方法：基于多粒度多模型的大系统建模，即：Multiple Granularity and Multi-Model based Big System Modeling（MGMM-BSM），构建基于系统工程及系统建模与仿真、现代控制理论、模式识别理论、计算机图形学、数据科学交集下的数字孪生理论。提出数字孪生系统构建与开发机理，给出开发实现方法。提出数字孪生理论体系构建思路：数字孪生理论是系统工程及系统建模与仿真理论、现代控制理论、模式识别理论、计算机图形学、数据科学五大分支的融合体，在不同应用领域的需求和新一代信息技术驱动下又呈现出大数据为线索、多模型为核心的特点。

4.1　数字孪生发展情况

根据维基百科的解释，数字孪生（Digital Twin）是指以数字化方式拷贝一个物理对象、流程、人、地方、系统和设备等。数字化的表示提供了物联网设备在其整个生命周期中如何运作的元素和动态。数字孪生将人工智能、机器学习和软件分析与空间网络图相集成以创建活生生的数字仿真模型，这些模型随着其物理对应物的变化而更新和变化。除了模拟／仿真物理对象、流程、人、地方等，更重要的是他们互相之间的关系。

正式对外公开的资料显示，美国空军研究实验室在 2011 年 3 月提出了数字孪生体这个概念。美国国家航空航天局（NASA）在同期开始关注数字孪生体，但后续对数字孪生体体系的构建贡献并不多，反而是美国国防部立刻意识到数字孪生体是颇具价值的工程工具，值得全面研发。与此同时，美国通用电气在为美国国防部提供 F-35 联合攻击机解决方案的时候，也发现数字孪生体是工业数字化过程中的有效工程工具，并开始利用数字孪生体去构建工业互联网体系。2018 年 7 月，美国国防部正式对外发布"国防部数字工程战略"。数字工程战略旨在推进数字工程转型，将国防部以往线性、以文档为中心的采办流程转变为动态、以数字模型为中心的数字工程生态系统，完成以模型和数据为核心谋事做事的范式转移。西门子公司提出了"综合数字孪生体"的概念，其中包含数字孪生体产品、数字孪生体生产和数字孪生体运行的精准连续映射递进关系，最终达成理想的高质量产品交付。GE、惠普、达索等国际大公司均于近年提出了自己的数字孪生系统（图 4-1）。

图 4-1　世界领先的数字孪生研究机构

数字孪生技术在工业生产、智能制造等多个领域有广泛的应用前景。

（1）在产品研发领域，可以虚拟数字化产品模型，对其进行仿真测试和验证，以更低的成本做更多的样机。

（2）在设备管理领域，我们可以通过模型模拟设备的运动和工作状态，实现机械和电器的联动。比如电梯运行的维护监控。

（3）在生产管理领域，可将数字化模型构建在生产管理体系中，在运营和生产管理的平台上对生产进行调度、调整和优化。

数字仿真镜像和物理世界可以联动起来，数字世界可以进行预测试错等方式提前判断得到结果，自动反馈到物理世界 / 真实世界从而自动调整生产或者运营方式。数字孪生将人工智能、机器学习、数据分析与网络空间集成在一起，以创建数字仿真模型，随着物理世界的变化而更新和更改。数字孪生系统不断从多个来源学习和更新，以表示其实时状态。该学习系统利用传感器数据自学，并融合人类专家经验和行业领域知识。数字孪生还将过去机器使用的历史数据整合到其数字模型中。

在各种工业领域，数字孪生正被用于优化物理资产，系统和制造过程的运营和维护。它们是工业物联网的一种形成技术，物理对象可以与其他机器和人进行虚拟生活和交互。在物联网的背景下，它们也被称为"网络对象"或"数字化身"。

目前，尽管数字孪生在全球范围内还处于初期阶段，仅有一些大型公司在部分领域和环节尝试使用数字孪生技术进行部分设备和流程的改造，如前述的GE、阿里巴巴、微软等。微软推出了 Azure Digital Twin 服务，能够创建任何物理环境的数字模型，包括连接它们的人员、地点、事物、关系和流程，并与物理世界保持同步。通过 Azure Digital Twin，用户可以在空间的语境中查询数据，该服务将成为 Azure IoT 平台的一部分。GE 公司已经拥有了 120 万个数字孪生体，可以处理 30 万种不同类型的设备资产。

4.2 数字孪生理论和技术

4.2.1 数字孪生系统论

数字孪生是充分利用物理模型、传感器更新、运行历史等数据，集成多学科、多物理量、多尺度、多概率的仿真过程，在虚拟空间中完成映射，从而反映相对应的实体的全生命周期过程。从系统工程的视角来看，数字孪生系统的构建是一项典型的系统工程，涉及目标确立、需求分析、技术开发、理论研究、场景应用等实现环节。数字孪生系统的构建与开发奠定了数字孪生系统论的基石。数字孪生系统的构建与开发方法描述如下：以数字孪生系统需求为导向，设计数字孪生系统软件架构，研发数字孪生系统软硬件平台与技术，在数字空间和物理场景中进行同步测试与验证。物理实测信息反馈到虚拟仿真系统，仿真系统与物理系统进行实时或事件驱动下的不定时比对与匹配，得到二者误差，再以误差作为虚拟系统控制算法的输入，通过自动控制策略实现误差的迭代削减，直至衰减为零。整个数字孪生信息物理系统的运行是一个动态平衡与自主优化的过程。数字孪生系统构建与开发机理如图 4-2 所示。

1. 目标与需求层

数字孪生系统的目标可凝练为"10 化"，即：数字化、网络化、智能化、虚拟化、安可化、定制化、服务化、融合化、集约化、标准化。实际系统的需求包括系统多颗粒度互联互通、系统可仿真可预见、技术安全、系统可信、系统开放、系统可重构、系统敏捷、成本节约等。

2. 关键技术层

关键技术层由多粒度多模型大系统建模、感知、通信、智能控制、智能机器人、大数据智能与安全、机器视觉及模式识别、系统仿真、智能决策等模块组成。关键技术模块简介如下：

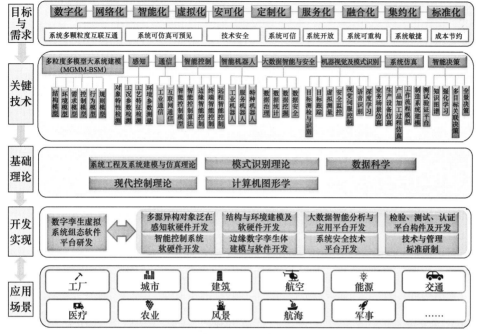

图 4-2 数字孪生系统构建与开发机理图

（1）多粒度多模型大系统建模（Multiple Granularity and Multi-Model based Big System Modeling，MGMM-BSM）。多模型主要包括：结构模型、参数模型、自动控制系统模型、规则模型、人员模型、环境模型、行为模型、业务流模型、业务知识模型。通过多类型多模态模型实现多模型驱动的大系统模型体系。多粒度指的是设备级、系统级、复杂系统级等多个颗粒度层级，根据实际系统情况可适当收放系统颗粒度范围。

（2）感知。主要功能模块包括：对象特性检测，工况参数检测，工艺特征检测，环境参数测量。利用传感器采集物理世界对象的各种参数数据，如流量、压力、温度、湿度、形变等，对各种数据进行标准化的格式、量纲、类型等转换，变成数字孪生系统能够直接调用的物联感知数据结构体。必要时可对采集到的数据进行智能处理和机器学习，在感知端也可嵌入智能算法，实现端上智能。

（3）通信。主要包括工业通信和互联网通信两大类。常用的工业通信协议有：Modbus、RS-232、RS-485、HART、MPI 通信、PROFIBUS、OPC UA、ASI、PPI、远程无线通信、TCP、UDP、S7、ProfNet、MPI、PPI、Profibus-DP、Device Net。常用的互联网通信协议有：TCP/IP 协议、IPX/SPX 协议、NetBEUI 协议等。

（4）智能控制。包括以下主要控制技术：智能控制模型、智能控制算法、边缘智能控制、终端智能控制、远程智能控制。

（5）智能机器人。包括以下主要类型：工业机器人、服务机器人、特种机器人。

（6）大数据智能与安全。包括以下主要技术：数据治理、数据统计、数据分析、数据挖掘、数据安全。

（7）机器视觉及模式识别。包括以下主要技术：目标检测与识别、目标跟踪、虚拟测量、视频安全监控、语音识别、深度学习、视觉伺服控制。

（8）系统仿真。包括以下核心技术：业务场景建模与仿真、生产设备建模与仿真、产品加工过程仿真、工作流模拟、制造系统建模、测试验证平台。

（9）智能决策。主要方法有：知识图谱、强化学习、多目标关联决策、全景决策。决策是管理的重要职能，是决策者对系统方案做决定的过程和结果，决策是决策者的行为和职责。决策分析的过程大概可以归纳为以下四个阶段：分析问题、诊断及信息活动；对目标、准则及方案的设计活动；对非劣备选方案进行综合分析比较评价的抉择或选择活动；将决策结果付诸实施并进行有效评估、反馈、跟踪、学习的执行或实施活动。决策问题的类型一般有确定型决策、风险型决策、不确定型决策、对抗型决策和多目标决策。风险型决策的基本方法有期望值法和决策树法。冲突分析（Conflict Analysis）是国外近年来在经典对策论（Game Theory）和偏对策理论（Metagame Theory）基础上发展起来的一种对冲突行为进行正规分析（Formal Analysis）的决策分析方法，其主要特点是能最大限度地利用信息，通过对许多难以定量描述的现实问题的逻辑分析，进行冲突事态的结果预测和过程分析（预测和评估、事前分析和事后分析），帮助决策者科学周密地思考问题。

3. 基础理论层

构建数字孪生理论所依托的相关理论领域主要有5个：系统工程及系统建模与仿真理论、现代控制理论、模式识别理论、计算机图形学、数据科学。

4. 开发实现层

包括以下核心开发任务：数字孪生虚拟系统组态软件平台研发，多源异构对象泛在感知软硬件开发，智能控制系统软硬件开发，结构与环境建模及软硬件开发，边缘数字孪生体建模与软件研发，大数据智能分析与应用平台开发，系统安全技术平台开发，检验、测试、认证平台构建及开发，技术与管理标准研制。

5. 应用场景层

数字孪生系统理论和技术可以赋能各种应用场景，典型的如：城市、工厂、建筑、医疗、交通、能源、风景、航空、航海、农业。

从技术实现层面来看，需要以数字孪生系统组态软件平台为中心，衔接物理孪生体空间中的部件要素和数字孪生体仿真系统。组态软件平台通过程序实时比较信息系统和物理系统两个空间中的参数值，计算虚实系统的误差，在软件后台实现基于智能算法的误差自动校正、资源自动配置及虚实双系统自动调节与控制（图4-3）。

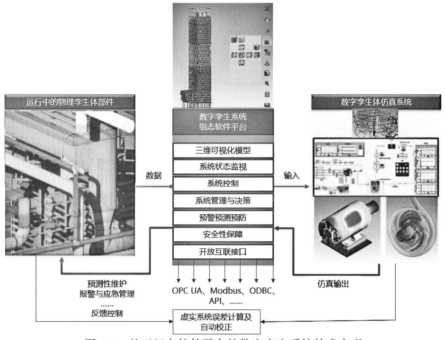

图 4-3　基于组态软件平台的数字孪生系统技术实现

4.2.2　数字孪生理论基础

数字孪生的主要理论渊源和基础是：系统建模与仿真理论，现代控制系统理论，复杂系统理论，信息物理系统理论，模式识别理论，图像图形学，数据科学。

4.2.2.1　系统工程及系统建模与仿真

系统是由两个以上有机联系、相互作用的要素所组成，具有特定功能、结构和环境的整体。它具有整体性，关联性，和环境适应性等基本属性。除此以外，很多系统还具有目的性、层次性等特征。系统有自然系统与人造系统，实体系统与概念系统，动态系统与静态系统，封闭系统与开放系统之分。用定量和定性相结合的系统思想和方法处理大型复杂系统问题，无论是系统的设计或组织建立，还是系统的经营管理，都可以统一地看成是一类工程实践，统称为系统工程。系统工程的应用领域十分广阔，已广泛应用于社会、经济、区域规划、环境生态、能源、资源、交通运输、农业、教育、人口、军事等诸多领域。

系统工程有三大理论基础和工具，即系统论、信息论和控制论，简称"三论"。

系统论是美籍奥地利生物学家冯·贝塔朗菲在理论生物学研究的基础上创立的。系统论的代表性观点有：系统的整体性、系统的开放性、系统的动态相关性、系统的层次等级性、系统的有序性。

信息论的创立者是美国数学家申农和维纳。狭义的信息论即申农信息论，主要研究消息的信息量、信道容量以及消息的编码问题。一般信息论主要研究通信问题，但还包括噪声理论、信号滤波与预测、调制、信息处理等问题。广义的信息论不仅包括前两项的研究内容，而且包括所有与信息相关的领域。

控制论是由美国人维纳创立的一门研究系统控制的学科。其观念是通过一系列有目的的行为及反馈使系统受到控制。控制论研究的重点是带有反馈回路的闭环控制系统。反馈有两类：正反馈和负反馈。如果输出反馈回来放大了输入变化导致的偏差，就是正反馈；如果输出反馈回来弱化了输入变化导致的偏差，就是负反馈。控制论对系统工程方法论的重要启示有"黑箱—灰箱—白箱法"。黑箱即一个闭盒，我们无法直接观测出其内部结构，只能通过外部的输入和输出去推断进而认识该系统，这就是由黑箱到灰箱再到白箱的过程。

模型是现实系统的理想化抽象或间接表示，它描绘了现实系统的某些主要特点，是为了客观地研究系统而发展起来的。模型有三个特征：它是现实世界部分的抽象或模仿；它是由那些与分析的问题有关的因素构成；它表明了有关因素间的相互关系。模型可以分为概念模型、符号模型、类比模型、仿真模型、形象模型等。

模型化就是为了描述系统的构成和行为，对实体系统的各种因素进行适当筛选后，用一定方式（数学、图像等）表达系统实体的方法。简言之就是建模的过程。构造模型需要遵循如下的原则：建立方框图；考虑信息相关性；考虑准确性；考虑结集性。模型化的基本方法有以下几种：1）分析法。分析解剖问题，深入研究客体系统内部细节，利用逻辑演绎方法，从公理、定律导出系统模型；2）实验法。通过对于实验结果的观察分析，利用逻辑归纳法导出系统模型，基本方法包括三类：模拟法，统计数据分析，实验分析；3）综合法。这种方法既重视数据又承认理论价值，将实验数据及理论推导统一于建模之中；4）老手法（Delphi法）。这种方法的本质在于集中了专家们对于系统的认识（包括直觉、印象等不肯定因素）即经验，再通过实验修正，往往可以取得较好的效果；

5）辩证法。其基本观点认为系统是一个对立统一体，由矛盾的两个方面构成，因此必须构成两个相反的分析模型。相同数据可以通过两个模型来解释。

系统建模方法体系如图4-4所示。

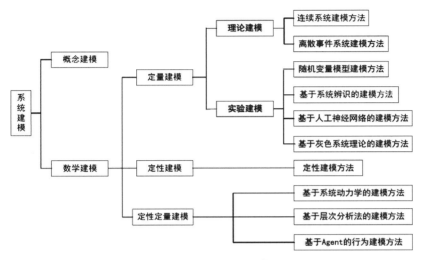

图4-4　系统建模方法体系

系统仿真方法体系如图4-5所示。

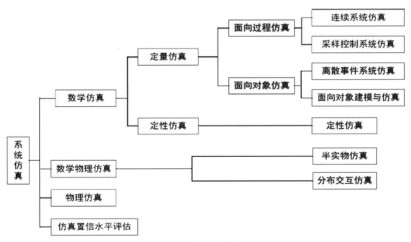

图4-5　系统仿真方法体系

4.2.2.2　现代控制理论

工业生产过程应用中，常常遇到被控对象精确状态空间模型不易建立，合适的最优性能指标难以构造，所得到最优的、稳定的控制器往往过于复杂等问题。为了解决这些问题，科学家们从20世纪50年代末现代控制理论诞生至今，不断提出新的控制方法和理论，其内容相当丰富、广泛，极大地扩展了控制理论的研究范围。

现代控制理论的主要分支如下：线性系统理论、最优控制、随机系统理论和最优估计、系统辨识、自适应控制、非线性系统理论、鲁棒性分析与鲁棒控制、分布参数控制、离散事件控制、智能控制。

线性系统是一类最为常见的系统，也是控制理论中讨论最为深刻的系统。该分支着重于研究线性系统状态的运动规律和改变这种运动规律的可能性和方法，以建立和揭示系统结构、参数、行为和性能间的确定的和定量的关系。通常，研究系统运动规律的问题称为分析问题，研究改变运动规律的可能性和方法的问题则为综合问题。线性系统理论的主要研究内容有：系统结构性问题，如能控性、能观性、系统实现和结构性分解等；线性状态反馈及极点配置；镇定；解耦；状态观测器。近30年来，线性系统理论一直是控制领域研究的重点，其主要研究方法有：以状态空间分析为基础的代数方法；以多项式理论为基础的多项式描述法；以空间分解为基础的几何方法。

实际工业、农业、社会及经济系统的内部本身含有未知或不能建模的因素，外部环境上亦存在各种扰动因素，以及信号或信息的检测与传输上往往不可避免地带有误差和噪声。随机系统理论将这些未知的或未建模的内外扰动和误差，用不能直接测量的随机变量及过程以概率统计的方式来描述，并利用随机微分方程和随机差分方程作为系统动态模型来刻画系统的特性与本质。随机系统理论就是研究这类随机动态系统的系统分析、优化与控制。最优估计讨论根据系统的输入输出信息估计出或构造出随机动态系统中不能直接测量的系统内部状态变量的值。由于现代控制理论主要以状态空间模型为基础，构成反馈闭环多采用状态变量，因此估计不可直接测量的状态变量是实现闭环控制系统重要的一环。该问题的困难性在于系统本身受到多种内外随机因素扰动，并且各种输入输出信号的测量值含有未知的、不可测的误差。

系统辨识是利用系统在试验或实际运行中所测得的输入输出数据，运用数学方法归纳和构造出描述系统动态特性的数学模型，并估计出其模型参数的理论和方法。系统辨识包括两个方面：结构辨识和参数估计。在实际的辨识过程中，随着使用的方法不同，结构辨识和参数估计这两个方面并不是截然分开的，而是可以交织在一起进行的。系统辨识是重要的建模方法，因此亦是控制理论实现和应用的基础。系统辨识是控制理论中发展最为迅速的领域，它的发展直接推动了自适应控制领域及其他控制领域的发展。

自适应控制研究是当被控系统的数学模型未知或者被控系统的结构和参数随时间和环境的变化而变化时，通过实时在线修正控制系统的结构或参数使其能主动适应变化的理论和方法。自适应控制系统主要用于过程模型未知或过程模型结构已知但参数未知且随机的系统。自适应控制系统通过不断测量系统的输入、状态、输出或性能参数，逐渐了解和掌握对象，然后根据所得的信息按一定的设计方法，做出决策去更新控制器的结构和参数以适应环境的变化，达到所要求的控制性能指标。该分支诞生于 1950 年代末，是控制理论中近 60 年发展最为迅速、最为活跃的分支。自适应控制系统有三个基本功能：辨识对象的结构和参数，以便精确地建立被控对象的数学模型；给出一种控制律以使被控系统达到期望的性能指标；自动修正控制器的参数。自适应控制系统的类型主要有：自校正控制系统，模型参考自适应控制系统，自寻最优控制系统，学习控制系统。近期，非线性系统的自适应控制、基于神经网络的自适应控制得到重视，提出了一些新方法。模型参考自适应控制系统的结构如图 4-6 所示。

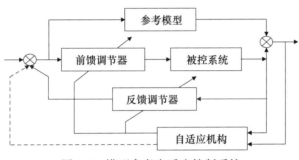

图 4-6　模型参考自适应控制系统

非线性控制是复杂控制理论中一个重要的基本问题，也是一个难点课题，它的发展几乎与线性系统平行。实际的工程和社会经济系统大多为非线性系统，线性系统只是实际系统的一种近似或理想化。研究非线性系统的系统分析、综合和控制的非线性系统理论亦是现代控制理论的一个重要分支。用微分几何法研究非线性系统是现代数学发展的必然产物，正如意大利数学家艾希德（A. Isidori）指出：用微分几何法研究非线性系统所取得的成绩，就像 1950 年代用拉氏变换及复变函数理论对 SISO 系统的研究，或用线性代数对多变量系统的研究。这种方法的缺点体现在它的复杂性、无层次性、准线性控制以及空间测度被破坏等。因此最近有学者提出引入新的、更深刻的数学工具去开拓新的方向，例如：微分动力学，微分拓扑，代数拓扑与代数几何。

鲁棒控制主要研究的是设计对各种不确定性有鲁棒性的控制系统的理论和方法。鲁棒控制研究的兴起以 20 世纪 80 年代线性系统的 H$^\infty$控制和基于特征结构配置的鲁棒控制为标志。近年来，对非线性系统的鲁棒适应控制的研究已成为一个热点方向。人工神经网方法、滑动模方法及鲁棒控制方法的结合可以设计出对一大类连续时间非线性系统稳定的自适应控制律。

20 世纪 70 年代，傅京孙教授提出把人工智能的直觉推理方法用于机器人控制和学习控制系统，并将智能控制概括为自动控制和人工智能的结合。傅京孙、Glorioso 和 Sardi 等人从控制理论的角度总结了人工智能技术与自适应、自学习和自组织控制的关系，正式提出了建立智能控制理论的构想。1967 年，Leondes 和 Mendel 首次正式使用"智能控制"一词。1985 年 8 月在美国纽约 IEEE 召开的智能控制专题讨论会，标志着智能控制作为一个新的学科分支正式被控制界公认。智能控制系统有如下基本特点：（1）容错性。对复杂系统（如非线性、快时变、复杂多变量和环境扰动等）能进行有效的全局控制，并具有较强的容错能力。（2）多模态性。定性决策和定量控制相结合的多模态组合控制。（3）全局性。从系统的功能和整体优化的角度来分析和综合系统。（4）混合模型和混合计算。对象是以知识表示的非数学广义模型和以数学模型表示的混合控制过程，人的智能在控制中起着协调作用，系统在信息处理上既有数学运算，又有逻辑和知识推理。（5）学习和联想记忆能力。对一个过程或未知环境所提供的信息，系统具有进行识别记忆、学习，并利用积累的经验进一步改善系统的性能和能力。（6）动态自适应性。对外界环境变化及不确定性的出现，系统具有修正或重构自身结构和参数的能力。（7）组织协调能力。对于复杂任务和分散的传感信息，系统具有自组织和协调能力，体现出系统的主动性和灵活性。

无论是采用经典控制理论或现代控制理论，在进行系统分析、综合和控制系统设计时，都需要事先知道系统的数学模型。现代控制理论在实际应用中遭遇的问题主要体现在：由于忽略了对象的不确定性，并对系统所存在的干扰信号作了苛刻的要求，导致理论模型无法精确复现真实系统，因此仿真结果往往与实际系统误差较大。

4.2.2.3 模式识别理论

广义地说，存在于时间和空间中可观察的物体，如果我们可以区别它们是否相同或是否相似，都可以称之为模式。模式所指的不是事物本身，而是从事物获得的信息，因此模式往往表现为具有时间和空间分布的信息。

模式识别的目的：利用计算机对物理对象进行分类，在错误概率最小的条件下，使识别的结果尽量与客观物体相符合。

模式识别原理公式：

$$Y = F(X)$$

式中：X 的定义域取自特征集；Y 的值域为类别的标号集；F 是模式识别的判别方法。

模式识别系统的目标：在特征空间和解释空间之间找到一种映射关系，这种映射也称之为假说。

特征空间：从模式得到的对分类有用的度量、属性或基元构成的空间。

解释空间：将 c 个类别表示为 $\omega_i \in \Omega$，$i = 1, 2, \cdots, c$，其中 Ω 为所属类别的集合，称为解释空间。

模式分类的主要方法有：数据聚类，统计分类，结构模式识别，神经网络。

模式识别系统的基本构成如图 4-7 所示。

图 4-7　模式识别系统的基本构成

数据获取：用计算机可以运算的符号来表示所研究的对象。数据类别包括二维图像（文字、指纹、地图、照片等）；一维波形（脑电图、心电图、季节振动波形等）；物理参量和逻辑值（体温、化验数据、参量正常与否的描述）。

预处理单元：去噪声，提取有用信息，并对输入测量仪器或其他因素所造成的退化现象进行复原。

特征提取和选择：对原始数据进行变换，得到最能反映分类本质的特征。包括测量空间：原始数据组成的空间；特征空间：分类识别赖以进行的空间；模式表示：维数较高的测量空间 ->维数较低的特征空间。

分类决策：在特征空间中用模式识别方法把被识别对象归为某一类别。基本做法是在样本训练集基础上确定某个判决规则，使得按这种规则对被识别对象进行分类所造成的错误识别率最小或引起的损失最小。

4.2.2.4　计算机图形学

计算机图形学是研究怎样利用计算机来显示、生成和处理图形的原理、方法和技术的一门学科。

1. 计算机图形学的典型应用一：CAD

在建筑工程、产品设计、机械加工中，计算机图形学被广泛应用。可以对飞机、汽车等的外形进行设计，能有效地对建筑物的分布进行相关设计。在现实工作中，为了能更好地对工程或产品进行正确的外形设计，可以使用计算机图形学。随着信息化的不断发展，CAD、BIM 等成了当代热门的学科领域，借助 CAD、BIM 对产品进行设计比传统方式有了很大提高。

2. 计算机图形学的典型应用二：可视化与可视计算

1986 年，美国科学基金会（NSF）专门召开了一次研讨会，会上提出了

"科学计算可视化（Visualization in Scientific computing）"。科学计算可视化广泛应用于医学、流体力学、有限元分析、气象分析当中。在医学领域典型应用如下：机械手术和远程手术，医用 CT 扫描数据三维重建，基于 CT 数据的人体内漫游。可以将 CT 扫描得到的结果转化成人们容易理解的图像，从而帮助医生能够快速有效找出病人的病因，然后再通过相关的技术实施手术。

3. 计算机图形学的典型应用三：计算机动画

随着计算机技术的发展，人们对动画也提出了很高要求。传统的高质量静态图像已不能满足人们的需求，这就要求工作人员逐步提高自己的专业水平。计算机动画实际上就是对其静态图像进行相关的处理而产生的。计算机动画涵盖内容广，可以通过多种方式实现，近期人们逐渐将其重心转移到怎样根据相应的物理模型设计计算机动画，这项技术使得计算机动画在呈现过程中更加真实。

4. 2. 2. 5 数据科学

数据科学的广义定义：研究探索网络空间中数据界奥秘的理论、方法和技术，研究的对象是数据界中的数据。数据科学的研究对象是网络空间的数据，是新的科学。数据科学主要有两个内涵：一个是研究数据本身，研究数据的各种类型、状态、属性及变化形式和变化规律；另一个是为自然科学和社会科学研究提供一种新的方法，称为科学研究的数据方法，其目的在于揭示自然界和人类行为现象和规律。

数据科学的狭义定义：数据科学是研究数据的科学。它利用统计学知识和计算机技术对专业领域的对象进行现实大数据分析与挖掘及其他方式的数据处理，以使组织获取更大的经济效益（图 4-8）。

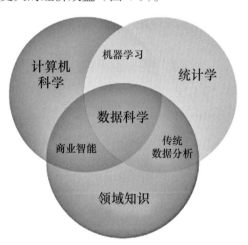

图 4-8 数据科学定义

IEEE 国际数据挖掘会议所选举出来的数据挖掘领域中的 10 个最重要的算

法如下。

（1）k- 平均（k-means）方法。这是对数据作聚类的最简单有效的方法。

（2）支持向量机。一种基于变分（或优化）模型的分类算法。

（3）期望最大化（EM）算法。这个算法的应用很广，典型的是基于极大似然方法（maximum likelihood）的参数估计。

（4）谷歌的网页排序算法，PageRank。它的基本想法是：网页的排序应该是由网页在整个互联网中的重要性决定，从而把排序问题转换成一个矩阵的特征值问题。

（5）贝叶斯方法。这是概率模型中最一般的迭代法框架之一，是从一个先验的概率密度模型，结合已知的数据来得到一个后验的概率密度模型。

（6）k- 最近邻域方法。用邻域的信息来作分类，跟支持向量机相比，这种方法侧重局部的信息，支持向量机则更侧重整体的趋势。

（7）AdaBoost。这个方法通过变换权重，重新运用数据的办法，把一个弱分类器变成一个强分类器。

其他的方法如决策树方法和用于市场分析的 Apriori 算法，以及用于推荐系统的合作过滤方法等。

用数据的方法来研究科学问题，并不意味着就不需要模型，只是模型的出发点不一样，不是从基本原理的角度去找模型。现阶段，对算法的研究被分散在两个领域里：计算数学和计算机科学。计算数学研究的算法基本上是针对像函数这样的连续结构，其主要的应用对象是微分方程等，计算机科学处理的主要是离散结构，如网络，而数据的特点介于两者之间。数据本身当然是离散的，但往往数据的背后有一个连续的模型。所以要发展针对数据的算法，就必须把计算数学和计算机科学研究的算法有效地结合起来。

4.3　数字孪生关键技术

4.3.1　操作系统

操作系统是管理计算机硬件资源，控制其他程序运行并为用户提供交互操作界面的系统软件的集合。操作系统是计算机系统的关键组成部分，负责管理与配置内存、决定系统资源供需的优先次序、控制输入与输出设备、操作网络与管理文件系统等基本任务。操作系统的种类很多，各种设备安装的操作系统可从简单到复杂，可从手机的嵌入式操作系统到超级计算机的大型操作系统。目前流行的现代操作系统主要有 Android、BSD、iOS、Linux、Mac OS X、Windows、Windows Phone 和 z/OS 等，除了 Windows 和 z/OS 等少数操作系统，大部分操作系统都为类 Unix 操作系统。

操作系统的种类相当多，各种设备安装的操作系统可从简单到复杂，可分为智能卡操作系统、实时操作系统、传感器节点操作系统、嵌入式操作系统、个人计算机操作系统、多处理器操作系统、网络操作系统和大型机操作系统。按应用领域划分主要有三种：桌面操作系统、服务器操作系统和嵌入式操作系统。

桌面操作系统主要用于个人计算机上。个人计算机市场从硬件架构上来说主要分为两大阵营，PC 机与 Mac 机。从软件上可主要分为两大类，分别为类 Unix 操作系统和 Windows 操作系统：

（1）Unix 和类 Unix 操作系统：Mac OS X，Linux 发行版（如 Debian，Ubuntu，Linux Mint，openSUSE，Fedora 等）；

（2）微软公司 Windows 操作系统：Windows XP，Windows Vista，Windows 7，Windows 8，Windows NT 等。

服务器操作系统一般指的是安装在大型计算机上的操作系统，比如 Web 服务器、应用服务器和数据库服务器等。服务器操作系统主要集中在三大类：

（1）Unix 系列：SUN Solaris，IBM-AIX，HP-UX，FreeBSD 等；

（2）Linux 系列：Red Hat Linux，CentOS，Debian，Ubuntu 等；

（3）Windows 系列：Windows Server 2003，Windows Server 2008，Windows Server 2008 R2 等。

嵌入式操作系统是应用在嵌入式系统的操作系统。嵌入式系统广泛应用在生活的各个方面，涵盖范围从便携设备到大型固定设施，如数码相机、手机、平板电脑、家用电器、医疗设备、交通灯、航空电子设备和工厂控制设备等，越来越多的嵌入式系统安装有实时操作系统。

在嵌入式领域常用的操作系统有嵌入式 Linux、Windows Embedded、VxWorks 等，以及广泛使用在智能手机或平板电脑等消费电子产品的操作系统，如 Android、iOS、Symbian、Windows Phone 和 BlackBerry OS 等。

内核是操作系统最基础的构件，因而内核结构往往对操作系统的外部特性以及应用领域有着一定程度的影响。尽管随着理论和实践的不断演进，操作系统高层特性与内核结构之间的耦合有日趋缩小之势，但习惯上内核结构仍然是操作系统分类的常用标准。内核的结构可以分为单内核、微内核、混合内核、外内核等。

在众多常用操作系统之中，除了 QNX 和基于 Mach 的 UNIX 等个别系统外，几乎全部采用单内核结构。例如大部分的 Unix、Linux 以及 Windows（微软声称 Windows NT 是基于改良的微内核架构的，尽管理论界对此存有异议）。微内核和超微内核结构主要用于研究性操作系统，还有一些嵌入式系统使用外核。

2020 年 5 月的一份百度统计份额显示，中国 Windows 10 系统市场份额达到 33%，Windows 7 系统市场份额为 48.24%。即 Windows 10 和 windows 7 总共占有超过 80% 的市场份额。

2019 年 8 月 9 日，华为正式发布鸿蒙操作系统。目前为止，华为鸿蒙操作系统主要用在智能家居产品上，华为和荣耀都推出了鸿蒙操作系统的智慧屏电视机，目前华为还没有宣布鸿蒙系统用在手机上。国产操作系统由于发展时间不长，尚有很多不完善的地方需要提升。

2020 年 5 月，德国慕尼黑对外宣布将抛弃 Windows 系统，逐步开始切换到 Linux，此举意味着德国在操作系统选择方面的重大转变。

4.3.2 调度处理芯片

主要的处理芯片有 CPU、GPU、NPU 及 FPGA。

CPU（Central Processing Unit）中央处理器，是一块超大规模的集成电路，主要逻辑架构包括控制单元 Control，运算单元 ALU 和高速缓冲存储器（Cache）及实现它们之间联系的数据（Data）、控制及状态的总线（Bus）。简单说，就是计算单元、控制单元和存储单元。CPU 遵循的是冯·诺依曼架构，其核心是存储程序 / 数据、串行顺序执行。因此 CPU 的架构中需要大量的空间去放置存储单元（Cache）和控制单元（Control），相比之下计算单元（ALU）只占据了很小的一部分，所以 CPU 在进行大规模并行计算方面受到限制，相对而言更擅长于处理逻辑控制。

GPU（Graphics Processing Unit）可以胜任的 CPU 无法胜任的大量数据并行计算。GPU，即图形处理器，是一种由大量运算单元组成的大规模并行计算架构，早先由 CPU 中分出来专门用于处理图像并行计算数据，专为同时处理多重并行计算任务而设计。GPU 中也包含基本的计算单元、控制单元和存储单元。CPU 芯片空间的不到 20% 是 ALU，而 GPU 芯片空间的 80% 以上是 ALU。即 GPU 拥有更多的 ALU 用于数据并行处理。这就是为什么 GPU 可以具备强大的并行计算能力的原因。CPU 擅长完成多重复杂任务，重在逻辑，重在串行程序；GPU 擅长完成具有简单的控制逻辑的任务，重在计算，重在并行。

GPU 具有如下特点：

（1）多线程，提供了多核并行计算的基础结构，且核心数非常多，可以支撑大量数据的并行计算，处理神经网络数据远远高效于 CPU。

（2）拥有更高的访存速度。

（3）更高的浮点运算能力。

GPU 当前只是单纯的并行矩阵乘法和加法运算，对于神经网络模型的构建和数据流的传递还是在 CPU 上进行。CPU 加载权重数据，按照代码构建神经网络模型，将每层的矩阵运算通过 CUDA 或 OpenCL 等类库接口传送到 GPU 上实现并行计算，输出结果；CPU 接着调度下层神经元组矩阵数据计算，直至神经网络输出层计算完成，得到最终结果（图 4-9）。

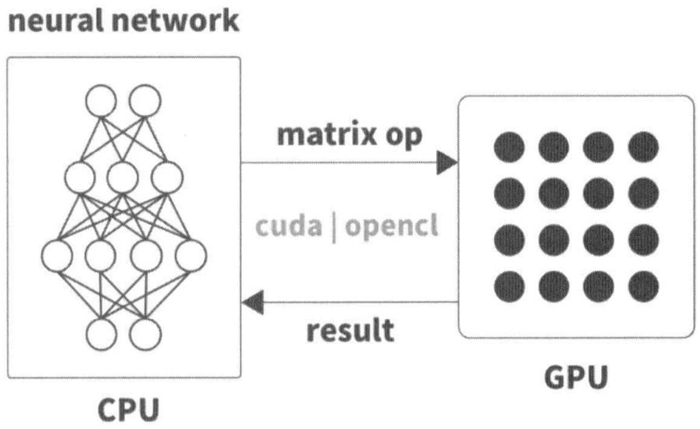

图 4-9　CPU 与 GPU 并行计算

NPU（Neural Networks Process Units）是神经网络处理单元。NPU 工作原理是在电路层模拟人类神经元和突触，并且用深度学习指令集直接处理大规模的神经元和突触，一条指令完成一组神经元的处理。相比于 CPU 和 GPU，NPU 通过突出权重实现存储和计算一体化，从而提高运行效率。国内寒武纪是最早研究 NPU 的企业，并且华为麒麟 970 曾采用寒武纪的 NPU 架构，不过从 2018 年开始华为发布自研昇腾芯片专为达芬奇架构。NPU 是模仿生物神经网络而构建的，CPU、GPU 处理器需要用数千条指令完成的神经元处理，NPU 只要一条或几条就能完成，因此在深度学习的处理效率方面优势明显。

手机芯片作为移动端的专用 SoC，内部集成了 CPU、GPU 和 NPU。以麒麟 990 5G 版为例说明，在 CPU 方面共有 8 核心，分别是两颗 2.86GHz 的 A76 架构大核，两颗 2.36GHz 的 A76 架构中核以及四颗 1.95GHz 的 A55 架构小核。在 GPU 方面，则是采用了 16 核的 Mali-G76 GPU，而在 NPU 方面，集成 2 颗大核和一颗小核，采用的是华为自研达芬奇架构的 NPU（图 4-10）。

相比传统标量、矢量运算模式，华为自研架构 NPU 采用 3D Cube 针对矩阵运算做加速，因此单位时间计算的数据量更大，单位功耗下的 AI 算力也更强，相对传统的 CPU 和 GPU 实现数量级提升，实现更优能效。在手机 SOC

中，CPU 是至关重要的部分，同样在自动驾驶行业处理深度学习 AI 算法方面，
GPU 和 NPU 都需要和 CPU 协同才能发挥其性能优势。

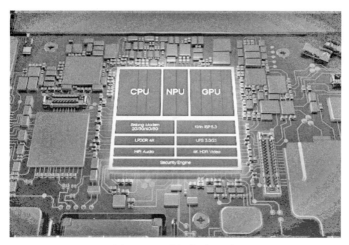

图 4-10 手机集成芯片

在 AI 芯片领域，首先需要一个 CPU 或者 ARM 内核来执行调度处理，然
后大量的并行计算靠 GPU、FPGA 或者 ASIC 来完成，而 ASIC 里面有多种架
构。CPU 和 GPU 都属于通用芯片，不过 GPU 在近几年专门针对 AI 算法加强
了并行计算单元，因此除 CPU 外，GPU、NPU、FPGA 等芯片作为 AI 算法的
硬件加速器在不同的应用场景和深度学习算法中发挥着各自的优势（图 4-11）。

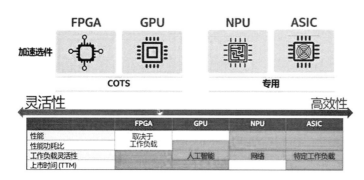

图 4-11 AI 芯片比较

以自动驾驶感知算法为例，各环节用到的芯片类型、基本处理流程及对应
功能模块所需的算力需求分布如图 4-12 所示。

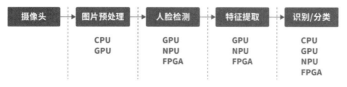

图 4-12 自动驾驶感知算法芯片

各种类型芯片架构特点总结如下。

CPU：70% 晶体管用来构建 Cache，还有一部分控制单元，计算单元少，适合逻辑控制运算。

GPU：是单指令、多数据处理，晶体管大部分构建计算单元，运算复杂度低，适合大规模并行计算。主要应用于大数据、后台服务器、图像处理。GPU 善于处理图像领域的运算加速。但 GPU 无法单独工作，必须由 CPU 进行控制调用才能工作。CPU 可单独作用，处理复杂的逻辑运算和不同的数据类型，但当需要大量的处理类型统一的数据时，则可调用 GPU 进行并行计算。

NPU：NPU 在电路层模拟神经元，通过突触权重实现存储和计算一体化，一条指令完成一组神经元的处理，提高运行效率。主要应用于通信领域、大数据、图像处理。NPU 作为专用定制芯片 ASIC 的一种，是为实现特定要求而定制的芯片。除了不能扩展以外，在功耗、可靠性、体积方面都有优势，尤其在高性能、低功耗的移动端。

FPGA：可编程逻辑，计算效率高，更接近底层 IO，通过冗余晶体管和连线实现逻辑可编辑。本质上是无指令、无需共享内存，计算效率比 CPU、GPU 高。主要应用于智能手机、便携式移动设备、汽车。FPGA 是用硬件实现软件算法，因此在实现复杂算法方面有一定的难度。将 FPGA 和 GPU 对比发现，一是缺少内存和控制所带来的存储和读取部分，速度更快；二是因为缺少读取的作用，所以功耗低，劣势是运算量并不是很大。

CPU 作为最通用的部分，协同其他处理器完成着不同的任务。GPU 适合深度学习中后台服务器大量数据训练、矩阵卷积运算。NPU、FPGA 在性能、面积、功耗等方面有较大优势，能更好地加速神经网络计算。而 FPGA 的特点在于开发使用硬件描述语言，开发门槛相对 GPU、NPU 高。

ASIC 芯片是全定制芯片，长远看适用于人工智能。现在很多做 AI 算法的企业也是从这个点切入。因为算法复杂度越强，越需要一套专用的芯片架构与其进行对应，ASIC 基于人工智能算法进行定制，其发展前景看好。类脑芯片是人工智能最终的发展模式，但是离产业化还很遥远。

每种处理器都有它的优势和不足，在不同的应用场景中需要根据需求权衡利弊，选择合适的芯片。

NPU 与 GPU 加速不同，主要体现为每层神经元计算结果不用输出到主内存，而是按照神经网络的连接传递到下层神经元继续计算，因此其在运算性能和功耗上都有很大的提升（图 4-13）。CPU 将编译好的神经网络模型文件和权重文件交由专用芯片加载，完成硬件编程。

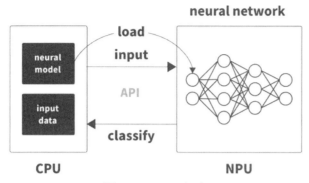

图 4-13　NPU 加速

FPGA（Field－Programmable Gate Array）称为现场可编程门阵列，用户可以根据自身的需求进行重复编程。与 CPU、GPU 相比，具有性能高、功耗低、可硬件编程的特点。FPGA 基本原理是在芯片内集成大量的数字电路基本门电路以及存储器，而用户可以通过烧入 FPGA 配置文件来定义这些门电路以及存储器之间的连线。这种烧入不是一次性的，可重复编写定义，重复配置。FPGA 的内部结构如图 4-14 所示。

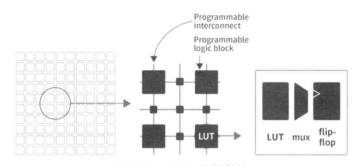

图 4-14　FPGA 内部架构

FPGA 的编程逻辑块（Programable Logic Blocks）中包含很多功能单元，由 LUT（Look-up Table）、触发器组成。FPGA 是直接通过这些门电路来实现用户的算法，没有通过指令系统的翻译，执行效率更高。

CPU/GPU/NPU/FPGA 的特点对比见表 4-1。

CPU/GPU/NPU/FPGA 特点对比			表 4-1	
类型	CPU	GPU	NPU	FPGA
定制化程度	通用型	通用型	定制化	半定制化
功耗	中	高	低	低
成本	高	高	低	中
算力	低	中	高	高

在工业现场，物联网数据采集的硬件基础是物联网芯片和物联网核心板。主要的物联网芯片行业巨头有：arm、tsmc、nvidia、intel、infineon、高通、NXP等。

4.3.3 工业物联网

4.3.3.1 系统架构

美国的工业物联网是软件为核心，自顶向下；德国的工业4.0（侧重工业物联网）是硬件为核心，自底向上。

第一次工业革命时间为18世纪60年代～19世纪40年代，标志是蒸汽机作为动力机被广泛使用。第一次工业革命主要起源于英国，诞生了蒸汽机、煤矿、铁路、蒸汽轮船、印刷机。第二次工业革命时间为19世纪60年代后期～20世纪初，标志是电力的发明和广泛应用。美国辛辛那提屠宰场，第一条流水化生产线诞生。石油、电力、汽车、电话成为工业的血液。第二次工业革命的成果，是能够大批量低成本生产单一型号的商品。第三次工业革命始于1970年。在这个阶段，德国和美国开始分道扬镳，沿着不同的技术路线发展科技。德国基于计算机技术，结合机械，单点技能是PLC逻辑控制、自动化、机电一体化、机器人。美国则是基于计算机和半导体技术，发起了IT革命——计算机、软件、互联网、大数据、人工智能、机器学习。值得注意的是，PLC、NC数控系统、运动控制器等许多第三次工业革命的产品，其实都是美国先搞出来的，只不过在德国发扬光大了。在德国提出第四次工业革命的时间节点，美国基于自己在IT领域的优势，提出了工业物联网IIoT，用IT技术去吞噬OT领域。这些OT领域，不光包括制造业，还包括车联网、智能交通、智能电网、环境保护、智慧医疗等众多领域。

德国在2013年德国汉诺威工业博览会上，提出了第四次工业革命概念。目的是为了提高德国制造业尤其是中小企业的智能化水平。德国认为，未来生产方式将发生如图4-15的变化。

未来的工厂需要能够适应这一变化。图4-16是德国SmartFactoryKL对未来智能工厂需求的理解。

基于这一需求定义，SmartFactoryKL提出了智能工厂架构模型如图4-17所示。

德国博世未来工厂解决方案如图4-18所示。

图 4-15 未来生产方式变化

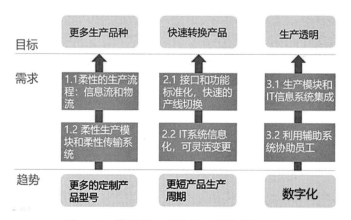

图 4-16 德国对未来智能工厂需求的理解

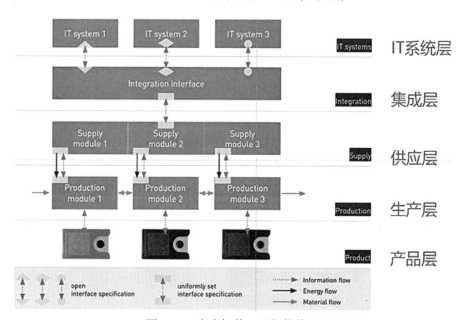

图 4-17 未来智能工厂架构模型

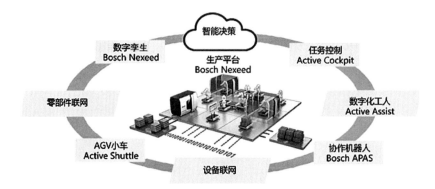

图 4-18　德国博世未来工厂解决方案

支持在云端 IoT Platform 开发，然后把代码下发到 IoT Edge Platform 运行。相当于把处理数据的程序传到数据在的地方进行处理，而不是把数据传到服务端处理，这也是边缘计算的核心思想（图 4-19）。

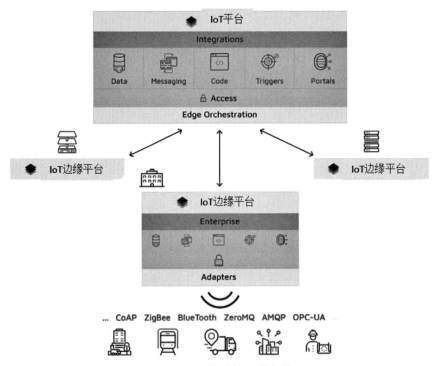

图 4-19　边缘计算系统架构

4.3.3.2　SCADA 系统

工业自动控制系统最常用的实现方式是 SCADA 系统，它能够在各种专有设备上执行监督与控制操作。图 4-20 是典型工业 SCADA 系统的一般架构模型。

（1）0 级包含现场设备，如流量和温度传感器，以及最终控制元件，如控制阀。

（2）1级包含工业化输入／输出（I/O）模块及其相关的分布式电子处理器。

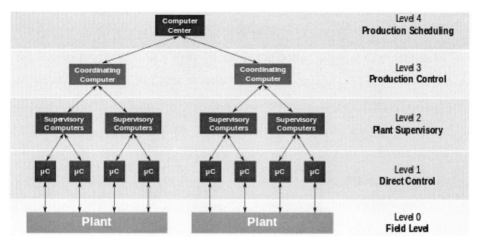

图 4-20 典型工业 SCADA 系统

（3）2级包含监控计算机，它从系统上的处理器节点整理信息，并提供操作员控制屏幕。

（4）3级是生产控制级别，不直接控制过程，但涉及监控生产和目标。

（5）4级是生产调度级别。

1级包含可编程逻辑控制器（PLC）或远程终端单元（RTU）。

2级包含 SCADA 软件和计算平台。SCADA 软件仅存在于该监督级别，因为控制动作由 RTU 或 PLC 自动执行。SCADA 控制功能通常仅限于基本覆盖或监督级干预。例如，PLC 可以控制通过工业过程的一部分的冷却水流量到设定点水平，但 SCADA 系统软件将允许操作员改变流量的设定点。SCADA 还可以显示和记录报警条件，例如流量损失或高温。反馈控制回路是直接由 RTU 或 PLC 控制，但 SCADA 软件监视环路的整体性能。

级别 3 和级别 4 不是传统意义上的严格过程控制，而是进行生产控制和调度的地方。

数据采集从 RTU 或 PLC 级开始，包括仪表读数和设备状态报告，根据需要传送到 2 级 SCADA。然后对数据进行编译和格式化，使得使用 HMI（人机界面）的控制室操作员可以做出监督决定以调整或覆盖正常的 RTU（PLC）控制。数据也可以提供给历史数据库，通常建立在商品数据库管理系统上，以允许趋势和其他分析审计。

SCADA 系统通常使用标签数据库，包含称为标签或点的数据元素，来源于诸如管道和仪表图的过程系统内的特定仪器或制动器。根据这些独特的过程控制设备标签参考累积数据。

基于工业物联网平台软件，做少量的配置和二次开发即可实现工程应用。工业物联网平台软件提供商主要有 GE Predix、西门子 Mindsphere、Bosch IoT 等。AWS IoT SiteWise 是一项托管服务，可以大规模地从工业设备收集、整理、搜索和使用设备数据。AWS IoT SiteWise 提供了可在常见工业网关上运行的网关软件。该软件通过 OPC-UA 协议直接从服务器和历史记录读取数据。数据存储在 AWS IoT Analytics 中针对时间优化的数据存储区。AWS IoT SiteWise 提供了资产建模框架，可用于从数据构建资产、流程和设施的表现形式。AWS IoT SiteWise 视图实质上是执行操作的可视化仪表板。

4.3.3.3 OPC 标准化通信

OPC 统一架构（OPC Unified Architecture）是 OPC 基金会（OPC Foundation）创建的新技术，更加安全、可靠、中性（与供应商无关），为制造现场到生产计划或企业资源计划（ERP）系统传输原始数据和预处理信息。使用 OPC UA 技术，所有需要的信息可随时随地到达每个授权应用和每个授权人员。

OPC UA 独立于制造商，可以用于通信，开发者可以用不同编程语言对其开发，不同的操作系统可以对其支持。OPC UA 弥补了已有 OPC 的不足，增加了诸如平台独立、可伸缩性、高可用性和因特网服务等重要特性。OPC UA 不再基于分布式组件对象模型（DCOM），而是以面向服务的架构（SOA）为基础，OPC UA 因此可以连接更多的设备。今天，OPC UA 已经成为连接企业级计算机与嵌入式自动化组件的桥梁，独立于微软、UNIX 或其他操作系统。

OPC 统一架构提供了标准化通信方式。

（1）通过因特网和通过防火墙的标准化通信。OPC UA 使用一种优化的基于 TCP 的二进制协议完成数据交换；另外支持 Web 服务和 HTTP。现在允许在防火墙中打开一个端口，集成的安保机制确保了通过因特网也能安全通信。

（2）防止非授权的数据访问。OPC UA 技术使用一种成熟安保理念，防止非授权访问和过程数据损坏，以及由于误操作带来的错误。OPC UA 安保理念基于 World Wide Web 标准，通过用户鉴权、签名和加密传输等项目来实现。

（3）数据安全性和可靠性。OPC UA 使用可靠的通信机制、可配置的超时、自动错误检查和自动恢复等机制，定义一种可靠坚固的架构。对 OPC UA 客户机与服务器之间的物理连接可以进行监视，随时发现通信中的问题。OPC UA

具有冗余特性，可以在服务器和客户机应用中实施，防止数据的丢失，实现高可用性系统。

（4）在简化接口方面进行了很多改进。新 OPC UA 在所有平台上的通信更快速、更安全和更灵活。

（5）平台独立和可伸缩性。由于使用了基于面向服务的技术，OPC UA 具有平台独立的属性，可以实施全新的、节省成本的自动化理念。嵌入式现场设备、过程控制系统（DCS）、可编程逻辑控制器（PLC）、网关或者操作员面板（HMI）可以依靠 OPC UA 服务器，直接连到操作系统，诸如嵌入的 Windows、Linux、VxWorks、QNX、RTOS 或者其他系统。使用一台独立的 Windows PC 用做 OPC 服务器，提供对非 Windows 设备数据访问的模式今天已经淘汰。当然，OPC UA 组件也可以在 Unix 操作系统的信息技术（IT）系统中使用，诸如：Solaris、HPUX、AIX、Linux 等，可以是企业资源计划（ERP）系统，可以是生产计划（MES）和监控软件（SCADA），还可以是电子商务应用。OPC UA 的组件功能是可以伸缩的：小到一个嵌入式设备的瘦应用，大到公司级别大型计算机的数据管理系统。

（6）简单一致。OPC UA 定义了一种集成的地址空间和信息模型，可以显示过程数据、报警、历史数据以及完成程序调用。信息项被定义成不同类型的对象，彼此之间可以建立关系。在此基础上，OPC UA 支持使用复杂数据结构。这使 OPC UA 可以完整地描述复杂过程和系统，对传统的三种不同类型 OPC 服务器的访问。比如，要获得一个温度传感器的当前值、一个高温度事件和温度的历史平均值，要依次使用不同的命令执行。而使用 OPC UA，仅用一个组件就非常容易地完成了。配置和工程的时间也因此可以大大缩短。

（7）性能强劲。通过自身的不断发展，依靠基于 TCP UA 二进制协议，使用高效的数据编码，OPC UA 提供了非常高效的数据传输，满足了更高性能的要求。

（8）更多的应用选项。OPC UA 技术的广泛适用性使全新的垂直集成理念能够完全实施。对 OPC UA 组件进行串级，从车间现场设备到制造执行系统（MES）或企业资源计划（ERP）系统，信息能够安全和可靠地传输。在现场设备级的嵌入式 UA 服务器，在自动化级的 UA 组件，在企业级 ERP 系统中集成的 UA 客户机，可以进行串级连接。各自的 UA 组件可以在地理上是分布的，而且容易使用防火墙让彼此分开。

为把这种信息模型作为一种推广的技术，OPC UA 与其他标准化组织合作，希望把 UA 服务提供给各行各业使用。今天，OPC 基金会已经与不同的标准化组织进行了合作，诸如：PLC 开放组织（PLCopen）、国际自动化协会（ISA）和电子设备描述语言（EDDL）合作团队（ECT）建立合作标准。

4.3.3.4　云计算

云计算的服务模式在不断进化，业界普遍接受将云计算按照服务的提供方式分为三个大类：SaaS（Software as a Service，软件即服务）、PaaS（Platform as a Service，平台即服务），IaaS（Infrastructure as a Service，基础架构即服务）。PaaS 基于 IaaS 实现，SaaS 的服务层次又在 PaaS 之上，三者分别面对不同的需求。

许多物联网平台都需要部署在公有云或混合云上云计算厂商提供的服务有：计算、网络、存储、IoT、机器学习、数据分析、安全等。这个领域的主要企业有：亚马逊 AWS、阿里云、微软 Azure、IBM、华为、Oracle、Rackspace、Heroku 等。图 4-21 是亚马逊 AWS 提供的一些典型的云计算服务。

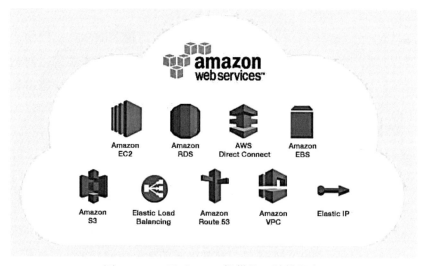

图 4-21　亚马逊 AWS 提供的云计算服务

AWS IoT 使连接了 Internet 的设备能够连接到 AWS 云，并使云中的应用程序能够与连接了 Internet 的设备进行交互。常见的 IoT 应用程序可从设备收集和处理遥测数据，或者令用户能够远程控制设备。设备通过在 MQTT 主题下以 JSON 格式发布消息来报告自身的状态。每个 MQTT 主题都有一个分层名称，可识别状态正在更新的设备。在 MQTT 主题上发布消息时，该消息将发送至 AWS IoT MQTT 消息代理，后者负责将在该 MQTT 主题上发布的所有消息发送给已订阅该主题的所有客户端。可以制定相关规则，确定要基于消息内数据执行的一项或多项操作。例如，可以插入、更新或查询 DynamoDB 表，或者调用 Lambda 函数。规则使用表达式来筛选消息。当规则与一条消息匹配时，规则引擎会使用所选属性触发该操作。规则还包含 IAM 角色，该角色可授予 AWS IoT 对用于执行操作的 AWS 资源的权限。

4.3.3.5 大数据

大数据（big data，mega data）指的是需要新处理模式才能具有更强的决策力、洞察力和流程优化能力的海量、高增长率和多样化的信息资产。在维克托·迈尔－舍恩伯格及肯尼斯·库克耶编写的《大数据时代》中，大数据指不用随机分析法（抽样调查）这样的捷径，而采用所有数据进行分析处理。大数据的 5V 特点：Volume（大量）、Velocity（高速）、Variety（多样）、Value（价值密度）、Veracity（真实性）。

数字孪生系统中，在大数据全周期管理基础上要实现数据治理。

DMBOK 是由数据管理协会（DAMA）编撰的关于数据管理的专业书籍，对企业数据治理体系的建设有一定指导性。DMBOK 将数据管理分为以下 10 个职能域，如图 4-22 所示。

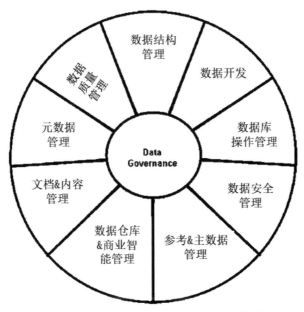

图 4-22 DMBOK 数据管理 10 个职能域

数据控制：在数据管理和使用层面之上进行规划、监督和控制。

数据架构管理：定义数据资产管理蓝图。

数据开发：数据的分析、设计、实施、测试、部署、维护等工作。

数据操作管理：提供从数据获取到清除的技术支持。

数据安全管理：确保隐私、保密性和适当的访问权限等。

数据质量管理：定义、监测和提高数据质量。

参考数据和主数据管理：管理数据的黄金版本和副本。

数据仓库和商务智能管理：实现报告和分析。

文件和内容管理：管理数据库以外的数据。

元数据管理：元数据的整合、控制以及提供元数据。

元数据管理是对企业涉及的业务元数据、技术元数据、管理元数据进行盘点、集成和管理，按照科学、有效的机制对元数据进行管理，并面向开发人员、最终用户提供元数据服务，以满足用户的业务需求，对企业业务系统和数据分析平台的开发、维护过程提供支持。借助变更报告、影响分析等应用，控制数据质量、减少业务术语歧义、建立业务和技术之间的良好沟通渠道，进一步提高各种数据的可信性、可维护性、适应性和可集成性。

数据标准适用于业务数据描述、信息管理及应用系统开发，可以作为经营管理中所涉及数据的规范化定义和统一解释，也可作为信息管理的基础，同时也是作为应用系统开发时进行数据定义的依据。涉及国家标准、行业标准、企业标准和地方标准，在定义元数据实体或元素时进行关联。数据标准需要不断补充完善、更新优化和积累，以便更好支撑业务的开发和系统的集成。

主数据管理是通过运用相关的流程、技术和解决方案，对企业核心数据的有效管理过程。主数据管理涉及主数据的所有参与方，如用户、应用程序、业务流程等，创建并维护企业核心数据一致性、完整性、关联性和正确性。主数据是企业内外被广泛应用和共享的数据，被誉为是企业数据资产中的"黄金数据"，主数据管理是撬动企业数字化转型的支点，是企业数据治理最核心的部分。

数据质量管理主要是建立数据质量管理体系，明确数据质量管理目标、控制对象和指标、定义数据质量检验规则、执行数据质量检核，生产数据质量报告。通过数据质量问题处理流程及相关功能实现数据质量问题从发现到处理的闭环管理，从而促进数据质量的不断提升。

数据安全管理应贯穿数据治理全过程，保证管理和技术两条腿走路。从管理上，建立数据安全管理制度、设定数据安全标准、培养起全员的数据安全意识。从技术上，数据安全包括：数据的存储安全、传输安全和接口安全等。当然，安全与效率始终是一个矛盾体，数据安全管控越严格，数据的应用就可能越受限。企业需要在安全、效率之间找到平衡点。

4.3.3.6 传感器

数字孪生系统现场的数据采集离不开各种传感器。传感器常用的分类方法有两种，一种是按被测物理量来分；另一种是按传感器的工作原理来分。按被测物理量划分的传感器，常见的有：温度传感器、湿度传感器、压力传感器、位移传感器、流量传感器、液位传感器、力传感器、加速度传感器、转矩传感器等。

电学式传感器是非电量电测技术中应用范围较广的一种传感器，常用的有电阻式传感器、电容式传感器、电感式传感器、磁电式传感器及电涡流式传感器等。电阻式传感器是利用变阻器将被测非电量转换为电阻信号的原理制成。电阻式传感器一般有电位器式、触点变阻式、电阻应变片式及压阻式传感器等。电阻式传感器主要用于位移、压力、力、应变、力矩、气流流速、液位和液体流量等参数的测量。电容式传感器是利用改变电容的几何尺寸或改变介质的性质和含量，从而使电容量发生变化的原理制成，主要用于压力、位移、液位、厚度、水分含量等参数的测量。电感式传感器是利用改变磁路几何尺寸、磁体位置来改变电感或互感的电感量或压磁效应原理制成的，主要用于位移、压力、力、振动、加速度等参数的测量。磁电式传感器是利用电磁感应原理，把被测非电量转换成电量制成，主要用于流量、转速和位移等参数的测量。涡流式传感器是利用金属在磁场中运动切割磁力线，在金属内形成涡流的原理制成，主要用于位移及厚度等参数的测量。

4.3.3.7 通信协议

通信协议主要由以下三个要素组成。（1）语法：如何通信，包括数据的格式、编码和信号等级（电平的高低）等。（2）语义：通信内容，包括数据内容、含义以及控制信息等。（3）定时规则（时序）：何时通信，明确通信的顺序、速率匹配和排序。

在局域网中应用比较多的是 IPX/SPX。用户如果访问 Internet，则必须在网络协议中添加 TCP/IP 协议。TCP/IP 中文译名为传输控制协议 / 互联网络协议，是一种网络通信协议，它规范了网络上的所有通信设备，尤其是一个主机与另一个主机之间的数据往来格式以及传送方式。TCP/IP 是 Internet 的基础协议，也是一种电脑数据打包和寻址的标准方法。在数据传送中，可以形象地理解为有两个信封，TCP 和 IP 就像是信封，要传递的信息被划分成若干段，每一段塞入一个 TCP 信封，并在该信封面上记录有分段号的信息，再将 TCP 信封塞入 IP 大信封，发送上网。在接收端，一个 TCP 软件包收集信封，抽出数据，按发送前的顺序还原，并加以校验，若发现差错，TCP 将会要求重发。因此，TCP/IP 在 Internet 中几乎可以无差错地传送数据。对普通用户来说，并不需要了解网络协议的整个结构，仅需了解 IP 的地址格式，即可与世界各地进行网络通信。

IPX/SPX 是基于施乐的 XEROX'S Network System（XNS）协议，而 SPX 是基于施乐的 XEROX'S SPP（Sequenced Packet Protocol，顺序包协议），它们都是由 Novell 公司开发出来应用于局域网的一种高速协议。它和 TCP/IP 的一个显著不同就是它不使用 IP 地址，而是使用网卡的物理地址即 MAC 地址。在实际使用中，它基本不需要什么设置，装上就可以使用了。由于其在网络普及初期发挥了巨大的作用，所以得到了很多厂商的支持，包括 Microsoft 等。到现在很多软件和硬件也均支持这种协议。

NetBEUI 即 NetBios Enhanced User Interface，或 NetBios 增强用户接口。它是 NetBIOS 协议的增强版本，曾被许多操作系统采用，例如 Windows for Workgroup、Win9x 系列、Windows NT 等。NetBEUI 协议在许多情形下很有用，是 Windows98 之前的操作系统的缺省协议。总之 NetBEUI 协议是一种短小精悍、通信效率高的广播型协议，安装后不需要进行设置，特别适合于在"网络邻居"传送数据。所以建议除了 TCP/IP 协议之外，局域网的计算机最好也安上 NetBEUI 协议。另外还有一点要注意，如果一台只装了 TCP/IP 协议的 Windows98 机器要想加入到 Winnt 域，也必须安装 NetBEUI 协议。

4.3.3.8 网关

网关（Gateway）又称网间连接器、协议转换器。网关在网络层以上实现网络互连，是最复杂的网络互连设备，仅用于两个高层协议不同的网络互连。网关既可以用于广域网互连，也可以用于局域网互连。网关使用在不同的通信协议、数据格式或语言，甚至体系结构完全不同的两种系统之间。与网桥只是简单地传达信息不同，网关对收到的信息要重新打包，以适应目的系统的需求。

网关产品又分为信令网关、中继网关、接入网关等类型。

信令网关 SG，主要完成 7 号信令网与 IP 网之间信令消息的中继，在 3G 初期，对于完成接入侧到核心网交换之间的消息的转接（3G 之间的 RANAP 消息，3G 与 2G 之间的 BSSAP 消息），另外还能完成 2G 的 MSC/GMSC 与软交换机之间 ISUP 消息的转接。

中继网关又叫 IP 网关，同时满足电信运营商和企业需求的 VoIP 设备。中继网关（IP 网关）由基于中继板和媒体网关板建构，单板最多可以提供 128 路媒体转换，两个以太网口，机框采用业界领先的 CPCI 标准，扩容方便，具有高稳定性、高可靠性、高密度、容量大等特点。

接入网关是基于 IP 的语音 / 传真业务的媒体接入网关，提供高效、高质量的话音服务，为运营商、企业、小区、住宅用户等提供 VoIP 解决方案。

除此之外，网关还可以分为：协议网关、应用网关和安全网关。

协议网关通常在使用不同协议的网络区域间做协议转换。这一转换过程可以发生在 OSI 参考模型的第 2 层、第 3 层或 2、3 层之间。但是有两种协议网关不提供转换的功能：安全网关和管道。由于两个互连的网络区域的逻辑差异，安全网关是两个技术上相似的网络区域间的必要中介。如私有广域网和公有的因特网。

应用网关是在使用不同数据格式间翻译数据的系统。典型的应用网关接收一种格式的输入，将之翻译，然后以新的格式发送。输入和输出接口可以是分立的也可以使用同一网络连接。应用网关也可以用于将局域网客户机与外部数据源相连，这种网关为本地主机提供了与远程交互式应用的连接。将应用的逻辑和执行代码置于局域网中客户端，避免了低带宽、高延迟的广域网的缺点，这就使得客户端的响应时间更短。应用网关将请求发送给相应的计算机，获取数据，如果需要就把数据格式转换成客户机所要求的格式。

安全网关是各种技术的融合，具有重要且独特的保护作用，其范围从协议级过滤到十分复杂的应用级过滤。

4.3.3.9　虚拟现实和增强现实

在工业 4.0 中实现数字孪生时，虚拟现实与增强现实技术非常有用。可以用来可视化监控、可视化建模、可视化仿真等。

虚拟现实（Virtual Reality，简称 VR）是利用电脑模拟产生一个三维空间的虚拟世界，提供使用者关于视觉、听觉、触觉等感官的模拟，让使用者如同身临其境一般，可以及时、没有限制地观察三维空间内的事物。虚拟现实技术是仿真技术的一个重要方向，是仿真技术与计算机图形学、人机接口技术、多媒体技术、传感技术、网络技术等多种技术的集合。虚拟现实技术（VR）主要包括模拟环境、感知、自然技能和传感设备等方面。模拟环境是由计算机生成的、实时动态的三维立体逼真图像。感知是指理想的 VR 应该具有一切人所具有的感知。除计算机图形技术所生成的视觉感知外，还有听觉、触觉、力觉、运动等感知，甚至还包括嗅觉和味觉等，也称为多感知。自然技能是指人的头部转动，眼睛、手势或其他人体行为动作，由计算机来处理与参与者的动作相适应的数据，并对用户的输入做出实时响应，并分别反馈到用户的五官。

传感设备是指三维交互设备。

增强现实（Augment Reality，简称 AR），是在虚拟现实（VR）技术基础上发展起来的。利用计算机产生的虚拟信息对用户所观察的真实环境进行融合，真实环境和虚拟物体实时地叠加到同一个画面或空间同时存在，拓展和增强用户对周围世界的感知。增强现实也被称为混合现实。它通过电脑技术，将虚拟的信息应用到真实世界，真实的环境和虚拟的物体实时地叠加到了同一个画面或空间同时存在。增强现实提供了在一般情况下，不同于人类可以感知的信息。它不仅展现了真实世界的信息，而且将虚拟的信息同时显示出来，两种信息相互补充、叠加。在视觉化的增强现实中，用户利用头盔显示器，把真实世界与电脑图形多重合成在一起，便可以看到真实的世界围绕着它。增强现实借助计算机图形技术和可视化技术产生现实环境中不存在的虚拟对象，并通过传感技术将虚拟对象准确"放置"在真实环境中，借助显示设备将虚拟对象与真实环境融为一体，并呈现给使用者一个感官效果真实的新环境。因此增强现实系统具有虚实结合、实时交互的新特点。

4.3.3.10 智能机器人

智能机器人技术是数字孪生技术体系中重要的组成部分，包括：工业机器人、移动机器人、机器视觉、无人机、无人车等。工业 4.0 中，机器人不再是独立工作的，而是可以协作的机器人。

智能机器人至少要具备三个要素：感觉要素，反应要素和思考要素。智能机器人配有内部信息传感器和外部信息传感器，如视觉、听觉、触觉、嗅觉。机器人的电动机使手、脚、长鼻子、触角等动起来。感觉要素包括能感知视觉、距离等的非接触型传感器和能感知力、压觉、触觉等的接触型传感器。这些要素实质上就是相当于人的眼、鼻、耳等五官，它们的功能可以利用诸如摄像机、图像传感器、超声波传成器、激光器、导电橡胶、压电元件、气动元件、行程开关等机电元器件来实现。对运动要素来说，智能机器人需要有一个无轨道型的移动机构，以适应诸如平地、台阶、墙壁、楼梯、坡道等不同的地理环境。它们的功能可以借助轮子、履带、支脚、吸盘、气垫等移动机构来完成。智能机器人的思考要素是三个要素中的关键，也是人们要赋予机器人必备的要素。思考要素包括有判断、逻辑分析、理解等方面的智力活动。

4.3.4 数字孪生应用

4.3.4.1 数字孪生提供的云端服务

基于云计算平台，数字孪生系统可提供面向各种应用场景的服务。解决方案设计理念：互操作性，分布式，实时性，面向服务，模块化，安全。

以 AWS 云为例，在数字孪生应用系统中，其工业物联网提供的云端各种服务如图 4-23 所示。

图 4-23　数字孪生系统云服务

工厂内部的机器通过 AWS 的物联网嵌入式操作系统与 Greengrass 边缘计算框架和 AWS IoT Device SDK 与 AWS 云服务对接（图 4-24）。

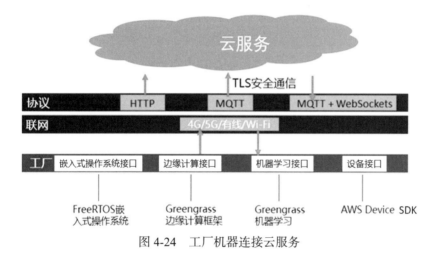

图 4-24　工厂机器连接云服务

FreeRTOS 是跑在单片机上的嵌入式实时操作系统。有了这个嵌入式操作系统，众多厂家的单片机都可以安全地连接到云平台上。AWS IoT Device SDK 开发工具软件有 Python、Java、C、C++、Nodejs 五种语言的 SDK。基于这个 SDK 可以调用 SDK 的 API 接口，与 AWS 的 IoT Core 实现安全通信：上传采集的机器数据、下发配置文件、上传下发设备映像、远程 OTA 升级、远程控制等功能。Greengrass 是边缘计算软件，它比 Device SDK 强大许多，可以实现 Lambda 函数调用、机器学习、容器化部署、多节点联动等功能。

物联网数据上云后，Web 浏览器端和移动端通过 API 网关和 Cognito 安全认证服务，与 AWS 上的云服务和工业现场机器进行交互。API 网关功能非常强，只需要在 API 网关的配置界面上创建 API 接口，然后设置调用的 AWS 服务或 Lambda 函数，就可以快速搭建好一套物联网云平台的 API 接口。Web 端和移动端只需要调用这套 API 接口，就可以拿到所有机器的实时数据、历史数据、告警、预测结果等。

数据远程交互原理如图 4-25 所示。

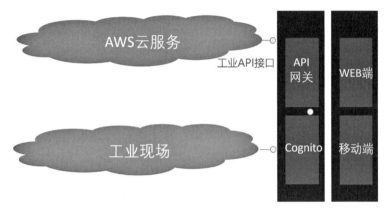

图 4-25　数据远程交互

4.3.4.2　设备监控应用

通过温度传感器、湿度传感器、振动传感器、力传感器、机器故障代码等采集现场数据，可实现工厂设备状态实时监测。

在边缘侧，使用 Greengrass 的 Lambda 函数，实现对 PLC、MES 和工业视觉系统的数据采集。在边缘侧，使用 Greengrass 边缘计算软件进行机器学习，分析振动传感器等的数据。在边缘侧过滤数据，避免所有数据都上传到云端。通过 Kinesis 实时流分析，发现设备状态异常，并通过 SNS 服务发送短信邮件告警通知设备数据通过 Kinesis 流服务，发送到 S3 数据湖中，然后用 Athena 进行即席查询。在云端使用 QuickSight 报表服务，根据 Athena 查询引擎的数据，创建可视化仪表盘，可视化监控设备状态（图 4-26）。

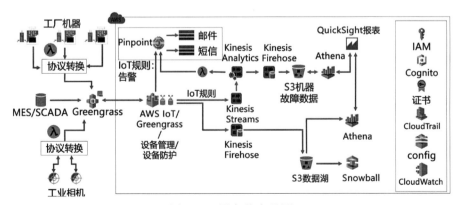

图 4-26　设备状态监测

4.3.4.3 预测性维护应用

通过 Kinesis 传感器数据实时流分析，发现设备异常时通过 SNS 服务发送通知。使用 SageMaker 的机器学习模型预测设备故障。用 Greengrass 机器学习推理，在边缘侧运行机器学习模型。在边缘侧过滤数据，降低云端成本。在云端使用 QuickSight 创建可视化仪表盘 Greengrass 的 Lambda 函数，完成如下工作：对机器工控协议进行转换，从而采集工厂机器的设备数据；运行 SageMaker 训练好的预测性维护机器学习模型，当机器学习模型预测到设备会发生故障，就将预测结果数据发送到 AWS IoT。预测结果数据发送到 AWS IoT 后，通过 IoT 规则引擎将数据发送到 Pinpoint 移动推送服务，用于发送短信和邮件通知给相关的机器维修保养人员。设备机器数据进入 Amazon Kinesis Streams。一路数据进入 Kinesis Analytics 进行实时流分析。分析得到的异常数据进入 S3 存储。然后通过 Athena 这一 SQL 查询引擎进行查询。最终 QuickSight 将 Athena 作为数据源，查询数据，将机器故障数据显示到可视化仪表盘上。另一路，则把所有机器数据通过 Kinesis Firehose 保存到 S3 数据湖中。这样，QuickSight 就可以通过 Athena 查询引擎，可视化分析所有机器的任意时段的历史数据（图 4-27）。

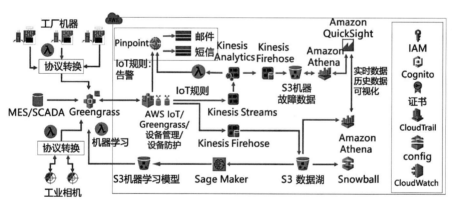

图 4-27　预测性维护

4.3.4.4 预测性质量控制应用

将质量数据（工业相机拍摄的产品照片）发送到 S3 存储，通过工业视觉检测最终产品的质量。通过 Kinesis 实时流分析，发现质量波动时通过 SNS 服务发送通知。使用 SageMaker 的机器学习模型对产品照片进行图像识别，对产品缺陷进行分类统计。在边缘侧使用 Greengrass 机器学习推理分析产品质量。在云端使用 QuickSight 创建可视化仪表盘分析产品质量（图 4-28）。

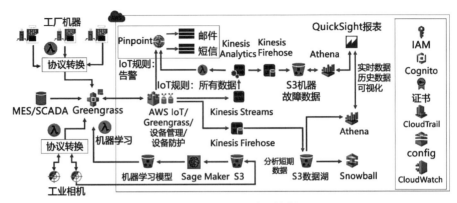

图 4-28　预测性质量控制

4.3.4.5　航空制造应用

美国国防部最早提出将数字孪生技术用于航空航天飞行器的健康维护与保障。首先在数字空间建立真实飞机的模型，并通过传感器实现与飞机真实状态完全同步。这样每次飞行后，根据结构现有情况和过往载荷，及时分析评估是否需要维修，能否承受下次的任务载荷等。

数字孪生的应用，可使产品在设计（含试验与评价）阶段大幅降低研制周期和成本。以飞机制造为例，数字线索可从宏观和微观上改善飞行器设计过程：利用响应面、模型降阶和概率分析等方法对系统设计进行评价、分析，更好地理解在试系统，减少风洞试验和飞行试验的数量；实施完整的有限元结构分析，支持设计和重量管理的快速闭合；通过对组件耐久性和损伤容限的工程分析，建立疲劳裂纹起始和增长的模型，进行设计特征几何迭代直到满足设计寿命指标（图 4-29）。

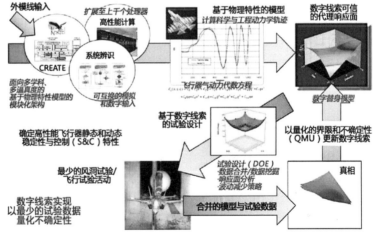

图 4-29　数字线索法减少飞机研制试验与评价时间和成本

资料来源：美空军 2013 年发布的《全球地平线》，刘亚威翻译

数字线索将变革传统研制模式与产品寿命周期管理（图 4-30）。数字线索的应用，将大大提高基于模型系统工程的实施水平，实现"建造前飞行"，颠覆传统"设计－制造－试验"模式，在数字空间中高效完成大部分分析试验，实现向"设计－虚拟综合－数字制造－物理制造"的新模式转变。数字线索的应用，可创造每个物理实体的数字孪生模型，将使航空装备实现个体化、综合化、可预测和预防性的"使用前保障"。单个产品的历史数据对操作、维修和工程人员开放，针对每个产品定制预先维修／翻新方案。维修将基于对损伤和损伤先兆的早期分析识别，大部分保障工作转变为寿命周期中的损伤预测、预防和管理。

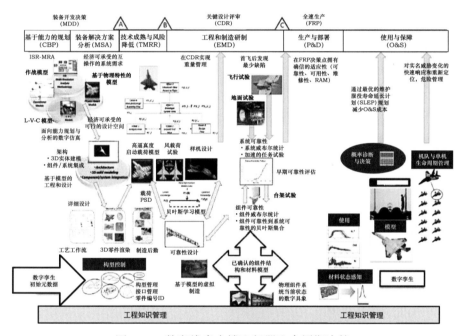

图 4-30　数字线索支撑飞行器生命周期决策

资料来源：美空军 2013 年发布的《全球地平线》，刘亚威翻译

5　城市数字化管理与智慧化治理

5.1　中国智慧城市发展现状

　　智慧城市（Smart City）是城市发展的新理念、新路径、新模式，是城市发展的必然趋势和高级阶段，它以"云大物移智"等新一代信息技术为核心技术驱动力，通过城市数字化、网络化、智能化来满足城市发展转型和管理方式转变的需求，根据实际需求，促进城市发展转型和管理方式转变。智慧城市对政府管理、企业发展经营和居民工作生活进行智能感知、分析、预测、控制和决策，从而实现城市管理和运营智慧化，提升城市居民工作和生活的舒适度和幸福指数，促进社会和谐、创新发展，实现城市低碳绿色、可持续发展。智慧城市的目标之一是打破信息孤岛，使孤立的数据互联互通，深层感知并全方位地获取城市各子系统信息并进行关联，将数据转变为信息，通过智能分析把信息转化为知识，并与各行业融合应用，最终服务于城市发展。通过"物联网＋"技术，可紧密连接并智能共享城市中政务、医疗、教育、交通、社区、旅游、安防、通信、物流、能源等子系统信息，智能化地统筹城市发展的物质资源，使各类资源得到更加充分合理的利用，实现各系统、各部门间的协同工作，优化整合信息资源和知识资源，促进城市规划、建设、管理和决策水平的提升，使城市人居环境更优美、生活更幸福、经济更有活力。《河北雄安新区规划纲要》中指出，雄安新区坚持数字城市与现实同步规划、建设，打造全球领先的数字城市，推进数字化、智能城市规划和建设，建设智能能源、交通、物流系统等。

　　新一代智能城市对物联网、云计算、地理信息、大数据、BIM等新一代信息技术进行综合运用，打造覆盖城市"人、事、物"多位一体的一张网，通过传感器采集城市各个角落的路灯、井盖、消防栓、通信设备等基础设施数据，再将这些基础设施数据进行智能处理和集中管控，实现物联网实时数据驱动的数字孪生城市。

　　随着生态文明、美丽中国及新型城镇化战略的实施，中国现代城市经济正在向智能化和绿色化两个方向快速发展，已形成两个相对独立的清晰发展脉络。同时二者又呈现出相互交织演进的历史发展趋势。绿色智慧城市是现代城市经济的前沿领域，代表了未来城市发展的方向。

纵观中国乃至全球的城市现代化发展历程，迄今为止，仍缺乏严谨的理论体系支撑，碎片化、随机性建设和发展模式一直是这个领域的特点之一。在信息技术和理论高速发展的今天，在全球第四次工业革命历史高潮到来的时期，应深度探索现代城市的智能化、数字化、网络化理论基础，及时探索、构建、研究能够完全包容并可持续支撑现代城市发展的理论和技术，为城市发展提供通用智能基础设施。

5.2 中国城市现代化管理与治理的探索实践

5.2.1 数字化城市管理

自 2012 年国家开展智慧城市试点以来，历经数年发展，各地逐渐摸索出符合国情的智慧城市建设方案。随着智慧城市建设工作的不断推进，对协调融合、信息共享的需求给智慧城市建设提出了更高要求，新型智慧城市这一概念逐渐出现在公众视野中。2015 年，新型智慧城市被首次写入政府工作报告；2016 年，国家"十三五"规划纲要明确提出"建设一批新型示范性智慧城市"；2016 年 10 月，中共中央总书记习近平在主持中央政治局集体学习时强调，"以推行电子政务、建设新型智慧城市等为抓手，以数据集中和共享为途径，建设全国一体化的国家大数据中心，推进技术融合、业务融合、数据融合，实现跨层级、跨地域、跨系统、跨部门、跨业务的协同管理和服务。"

由于新型智慧城市中对信息协同共享的高要求，亟须建立相应的信息化平台作为实现这一要求的技术基础。近年来，建筑信息模型（BIM）和城市信息模型（CIM）开始在学界和产业界发酵，被认为是解决多源数据融合问题的有力支撑。2016 年，住房城乡建设部《2016～2020 年建筑业信息化发展纲要》提出，"十三五"时期全面提高建筑业信息化水平，着力增强 BIM、大数据、智能化、移动通信、云计算、物联网等信息技术集成应用能力，促进建筑业在数字化、网络化、智能化发展方面取得突破，充分发挥信息化的引领和支撑作用，塑造建筑业新业态。各级政府也在发文中多次提到 BIM 和 CIM 技术应用。例如：住房城乡建设部 2018 年 11 月《"多规合一"业务协同平台技术标准》征求意见稿中鼓励有条件的城市在 BIM 应用的基础上建立城市信息模型（CIM）；雄安新区管委会 2019 年 1 月印发的《雄安新区工程建设项目招投标管理办法（试行）》的通知中，三次提到全面使用 BIM 和 CIM 技术。

基础设施建设是智慧城市建设的基石。自 2018 年中央经济工作会议重新定义了基础设施建设以来，以"5G、人工智能、工业互联网、物联网"为代表的新型基础设施建设越来越受到重视。2020 年 5 月 22 日，《2020 年国务院政府工作报告》提出，"加强新型基础设施建设，发展新一代信息网络，拓展 5G 应用，建设充电桩，推广新能源汽车，激发新消费需求、助力产业升级"。

我国的智慧城市建设发展与数字化城市管理密不可分，可以说，我国数字化城市管理的发展历程从一定程度上代表了智慧城市的发展历程。城市管理主要处理市容环境、环境秩序、市政设施问题，包括卫生保洁、垃圾分类、六乱管理、宣传广告、余泥渣土、工地施工、园林绿化、道路交通、交通秩序、流动商贩等类事件，也包括井盖设施、道路设施、环卫设施、交通设施、园林绿化设施、户外广告招牌、水利设施、电力设施、消防设施、通信设施、建筑物等市政设施（图 5-1）。

图 5-1 典型数字化城市管理系统架构

数字化城市管理的案件发现方式包括主动发现和被动受理。主动方式包括城管通、视频监控。被动受理方式包括：新闻媒体、热线电话、微信公众号、网络论坛、领导。数字化城市管理的运行模式一般为"一级监督、二级指挥、三级联动"。一级监督为市监督中心（公安局、交通局、住建局、环保局、教育局、……）；二级指挥为市指挥中心、区指挥中心；三级联动为市级、区级、镇街三级联动。数字化城市资源管理主要是利用大数据管理平台对城管车辆、城管巡检队员、城市管理案件、城市管理部件等资源进行信息化管理，利用全球卫星定位系统跟踪车辆的运行轨迹，跟踪巡检队员的运行轨迹，在电子地图上跟踪案件分布、人员定位、人员轨迹、车辆定位、车辆轨迹等。通过绩效评价实现数字化城市管理的效果测评。按照工作过程、工作绩效、规范标准等系统内置的评价模型，对部门和岗位等进行综合分析、计算评估，生成评价结果，保证新模式下城市管理的健康运行，切实发挥其应有的作用，全面提升城市管理水平，实现闭环管理。

通过行业标准和国家标准实现标准化、规范化的城市管理事件处理工作流程。常用的工程设计标准依据有：《数字化城市管理信息系统：单元网格》GB/T 30428.1—2013，《数字化城市管理信息系统：管理部件和事件》GB/T 30428.2—2013，《数字化城市管理信息系统：地理编码》GB/T 30428.3—2016，《城市市政综合监管信息系统技术规范》CJJ/T 106—2010，《城市市政综合监管信息系统单元网格划分与编码规则》CJ/T 213—2005，《城市市政综合监管信息系统管理部件和事件分类、编码及数据要求》CJ/T 214—2007，《城市市政综合监管信息系统监管案件立案、处置与结案》CJ/T 315—2009，《城市市政综合监管信息系统 绩效评价》CJ/T 292—2008。

已发布的主要智慧城市国家标准见表5-1。

主要智慧城市国家标准　　　　　　　　　　　表 5-1

序号	标准号	标准名称	状态	发布日期	实施日期
1	GB/T 38237—2019	智慧城市 建筑及居住区综合服务平台通用技术要求	现行	2019-10-18	2020-05-01
2	GB/T 37971—2019	信息安全技术 智慧城市安全体系框架	现行	2019-08-30	2020-03-01
3	GB/T 36625.5—2019	智慧城市 数据融合 第5部分：市政基础设施数据元素	现行	2019-08-30	2020-03-01
4	GB/T 36622.3—2018	智慧城市 公共信息与服务支撑平台 第3部分：测试要求	现行	2018-12-28	2019-07-01
5	GB/T 37043—2018	智慧城市 术语	现行	2018-12-28	2018-12-28
6	GB/T 36620—2018	面向智慧城市的物联网技术应用指南	现行	2018-10-10	2019-05-01
7	GB/T 36621—2018	智慧城市 信息技术运营指南	现行	2018-10-10	2019-05-01
8	GB/T 36622.1—2018	智慧城市 公共信息与服务支撑平台 第1部分：总体要求	现行	2018-10-10	2019-05-01
9	GB/T 36622.2—2018	智慧城市 公共信息与服务支撑平台 第2部分：目录管理与服务要求	现行	2018-10-10	2019-05-01
10	GB/T 36625.1—2018	智慧城市 数据融合 第1部分：概念模型	现行	2018-10-10	2019-05-01
11	GB/T 36625.2—2018	智慧城市 数据融合 第2部分：数据编码规范	现行	2018-10-10	2019-05-01

续表

序号	标准号	标准名称	状态	发布日期	实施日期
12	GB/T 34680.4—2018	智慧城市 评价模型及基础评价指标体系 第4部分：建设管理	现行	2018-06-07	2019-01-01
13	GB/T 36332—2018	智慧城市 领域知识模型 核心概念模型	现行	2018-06-07	2019-01-01
14	GB/T 36333—2018	智慧城市 顶层设计指南	现行	2018-06-07	2019-01-01
15	GB/T 36334—2018	智慧城市 软件服务预算管理规范	现行	2018-06-07	2019-01-01
16	GB/T 36445-2018	智慧城市 SOA 标准应用指南	现行	2018-06-07	2019-01-01
17	GB/T 35775—2017	智慧城市时空基础设施 评价指标体系	现行	2017-12-29	2018-04-01
18	GB/T 35776—2017	智慧城市时空基础设施 基本规定	现行	2017-12-29	2018-04-01
19	GB/T 34678—2017	智慧城市 技术参考模型	现行	2017-10-14	2018-05-01
20	GB/T 34680.1—2017	智慧城市评价模型及基础评价指标体系 第1部分：总体框架及分项评价指标制定的要求	现行	2017-10-14	2018-05-01
21	GB/T 34680.3—2017	智慧城市评价模型及基础评价指标体系 第3部分：信息资源	现行	2017-10-14	2018-05-01
22	GB/T 34680.4—2018	智慧城市评价模型及基础评价指标体系 第4部分：建设管理	现行	2018-06-07	2019-01-01
23	GB/T 33356—2016	新型智慧城市评价指标	现行	2016-12-13	2016-12-13
24	GB/T 30428.1—2013	数字化城市管理信息系统 第1部分：单元网格	现行	2013-12-31	2014-08-15
25	GB/T 30428.2—2013	数字化城市管理信息系统 第2部分：管理部件和事件	现行	2013-12-31	2014-8-15
26	GB/T 30428.3—2016	数字化城市管理信息系统 第3部分：地理编码	现行	2016-08-29	2017-03-01
27	GB/T 30428.4—2016	数字化城市管理信息系统 第4部分：绩效评价	现行	2016-08-29	2017-03-01
28	GB/T 30428.5—2017	数字化城市管理信息系统 第5部分：监管数据无线采集设备	现行	2017-09-07	2018-04-01
29	GB/T 30428.6—2017	数字化城市管理信息系统 第6部分：验收	现行	2017-12-29	2018-07-01
30	GB/T 30428.7—2017	数字化城市管理信息系统 第7部分：监管信息采集	现行	2017-12-29	2018-07-01
31	GB/T 30428.8—2020	数字化城市管理信息系统 第8部分：立案、处置和结案	现行	2020-04-28	2020-11-01

5.2.2 现代城市治理

治理是政府的管理工具，是指政府的行为方式，以及通过某些途径用以调节政府行为的机制。在治理的形态中，政府治理主要体现在制度供给、政策激励、外部约束。格里·斯托克指出：治理的本质在于，它所偏重的统治机制并不依靠政府的权威和制裁。治理发挥作用的方式是：它所要创造的结构和秩序不能从外部强加，而是要依靠多种进行统治的以及互相发生影响的行为者的互动发挥作用。

城市治理从广义角度上讲是一种城市地域空间治理的概念，为了谋求城市经济、社会、生态等方面的可持续发展，对城市中的资本、土地、劳动力、技术、信息、知识等生产要素进行整合，实现整体地域的协调发展。狭义的城市治理是指城市范围内政府、私营部门、非营利组织作为三种主要的组织形态组成相互依赖的多主体治理网络，在平等的基础上按照参与、沟通、协商、合作的治理机制，在解决城市公共问题、提供城市公共服务、增进城市公共利益的过程中相互合作的利益整合过程。

习近平总书记 2020 年 3 月 10 日在赴湖北省武汉市考察疫情防控时表示，要着力完善城市治理体系和城乡基层治理体系，树立"全周期管理"意识，努力探索超大城市现代化治理新路子。习近平总书记也曾深刻指出，"治理"和"管理"一字之差，体现的是系统治理、依法治理、源头治理、综合施策，要实现从"管理"向"治理"转变，激发基层活力，提升社区能力。城市全周期管理是指从立项、规划、设计、施工、调试到运行、维护等环节的管理过程，关系到政府、市民、城市设计者、供应商、城市维护人员等利益相关者，每一步都要求做到坚持系统思维和治理思维。当前就城市而言，已经进入从管理升华到治理的历史阶段，网格化精细管理模式将逐步向数字孪生强智能化自治模式演进。

近期涌现出的较为典型的城市治理优秀案例有杭州、上海。

杭州市委十二届九次全体（扩大）会议于 2020 年 6 月 28 日举行，会议审议通过了《中共杭州市委关于做强做优城市大脑　打造全国新型智慧城市建设"重要窗口"的决定》。杭州以城市大脑为抓手全面开展数字赋能城市治理工作，表示未来将强化新型智慧城市建设的系统集成水平，包括建强中枢系统，形成"一脑治全城、两端同赋能"的运行模式；将完善顶层设计，制定出台城市大脑赋能城市治理的条例和规划，持续推出原创性、突破性、引领性成果，努力成为新型智慧城市建设新理念、新技术、新模式的策源地，为国家治理体系和治理能力现代化提供实践素材；将加大数据互通协同力度，优化部门系统和区县（市）平台建设，加快与部省级行业主管系统数据打通，推动各级各部门业务信息实时在线、数据实时流动，切实打破数据孤岛、数据烟囱。

"推进国家治理体系和治理能力现代化，必须抓好城市治理体系和治理能力现代化。"习近平总书记赴浙江考察时，在杭州城市大脑运营指挥中心指出，让城市更聪明一些、更智慧一些，是推动城市治理体系和治理能力现代化的必由之路，前景广阔。习近平说，城市大脑是建设"数字杭州"的重要举措。通过大数据、云计算、人工智能等手段推进城市治理现代化，大城市也可以变得更"聪明"。从信息化到智能化再到智慧化，是建设智慧城市的必由之路，前景广阔。

住房和城乡建设部与上海市人民政府 2020 年 7 月在沪签署共建超大城市精细化建设和治理中国典范合作框架协议。上海市委书记李强指出，城市治理是国家治理体系和治理能力现代化的重要组成部分，涉及城市规划、建设、管理各环节和生产、生活、生态各领域，在城市工作中具有举足轻重的地位；要深入学习贯彻习近平总书记关于城市治理的重要论述，认真践行"人民城市人民建，人民城市为人民"重要理念，以此次部市合作为契机，不断深化探索超大城市治理这一重大实践命题，努力走出符合超大城市特点和规律的治理新路子。住房城乡建设部部长王蒙徽指出，双方合作共建超大城市精细化建设和治理中国典范，是贯彻落实习近平总书记关于城市建设和治理重要指示精神的具体实践；是贯彻落实党中央、国务院决策部署的重要举措；是贯彻新发展理念，落实"一个尊重，五个统筹"城市工作要求，推动城市转型发展，推进城市治理体系和治理能力现代化的重要抓手；是当前扩大内需，做好"六稳"工作，落实"六保"任务的重要行动。要加快完善协作机制，抓紧落实合作任务，积极打造宜居城市、韧性城市、智能城市、绿色城市和人文城市，让人民群众在城市生活得更方便、更舒心、更美好。要探索超大城市精细化建设和治理的新路子，以城市体检评估为抓手，推动城市治理体系和治理能力现代化，为建设"美丽中国"贡献力量。

5.3 新基建驱动城乡治理现代化调查与分析

新型基础设施是以新发展理念为引领，以技术创新为驱动，以信息网络为基础，面向高质量发展需要，提供数字转型、智能升级、融合创新等服务的基础设施体系。如何充分发挥新基建作为新引擎的作用？如何在新基建背景下加快实现城乡治理现代化？这是助力国家治理体系和治理能力现代化早日实现的重要命题。为更加深入了解社会对以上问题的意见与建议，设计了以下调查问卷，进行在线调研，回收调研结果后对调研数据进行系统性分析。

为了体现受访对象分布的均匀性，对覆盖全国的以下地区受访人进行调研：华东地区（包括山东、江苏、安徽、浙江、福建、上海）、华南地区（包括广东、广西、海南）、华中地区（包括湖北、湖南、河南、江西）、华北地区（包括北京、天津、河北、山西、内蒙古）、西北地区（包括宁夏、新疆、青海、陕西、甘肃）、西南地区（包括四川、云南、贵州、西藏、重庆）、东北地区（包括辽宁、吉林、黑龙江）、台港澳地区（包括台湾、香港、澳门）（图 5-2）。

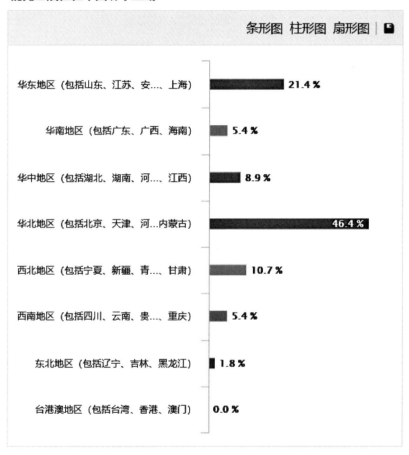

图 5-2 受访者地区分布

调研问题：如何推动城乡治理现代化（选您认为最有效的前 3 个）? 备选答案有：建立多元共治体制，完善多方监督机制，全面推进依法治国，培育公民意识，发展社会组织，政府简政放权，推动政务公开，加强数字技术的治理作用，加强政策工具的影响作用，加强智慧城市建设与治理，加强数字乡村建设与治理，建立政企社合作框架，其他。投票和统计结果如图 5-3 所示。

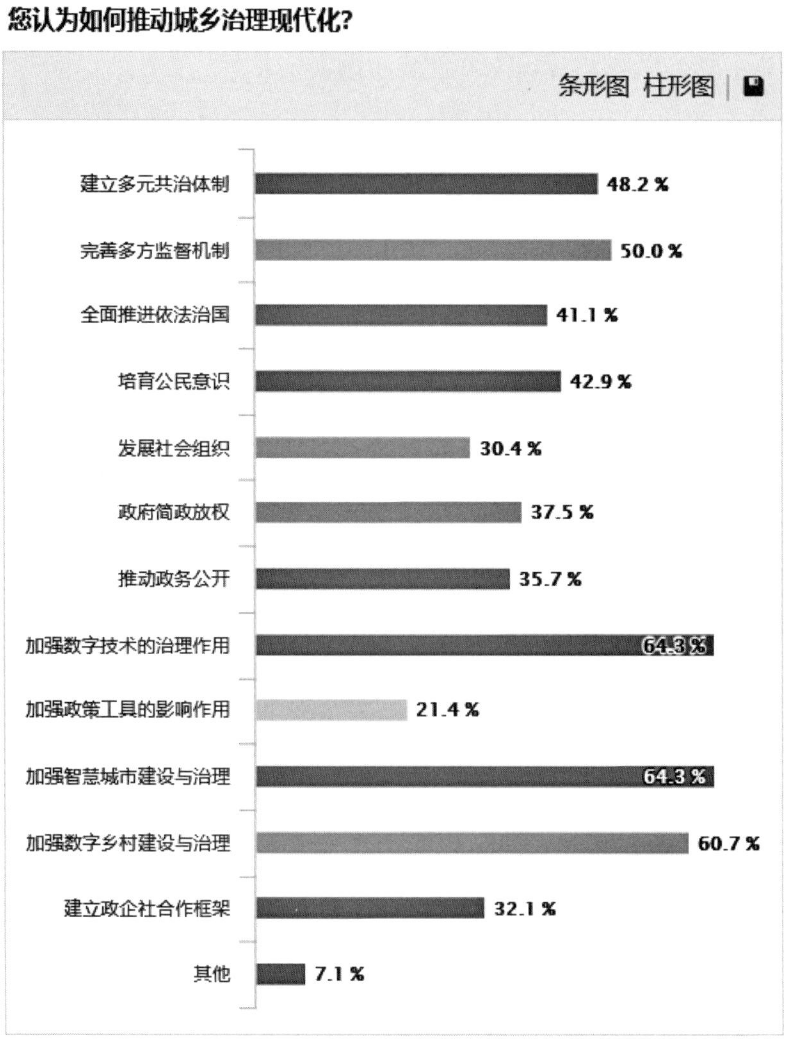

您认为如何推动城乡治理现代化?

图 5-3　如何推动城乡治理现代化调研问卷结果

从调研结果分析看，加强数字技术的治理作用、加强智慧城市建设与治理被认为是最为有效的方式；其次，加强数字乡村建设与治理、完善多方监督机制、建立多元共治体制等也被广泛认为是较为有效的治理方式。

调研问题：现代化城乡治理应采取哪些策略（选您认为最有效的前 3 个)?备选答案有：基于人工智能的治理策略，基于大数据的治理策略，基于区块链的治理策略，基于网络空间综合治理的策略，基于数字基础设施的治理策略，基于标准的治理策略，基于安全的治理策略，基于生态文明治理的策略，基于金融风控的治理策略，基于政策工具的治理策略，其他。投票和统计结果如图 5-4 所示。

从调研结果分析看，基于大数据的治理策略排在第一位，基于数字基础设施的治理策略排在第二位，基于生态文明治理的策略排在第三位，这说明大数据、数字基础设施、生态文明在现代化城乡治理体系中有着重要地位。

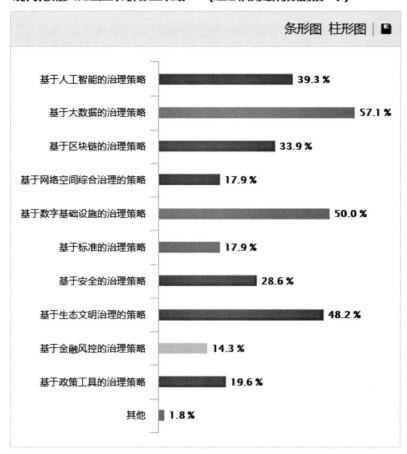

图 5-4　现代化城乡治理策略调研问卷结果

调研问题：当前需求迫切的城乡治理领域有哪些（选您认为最紧迫的前 5 个）？备选答案有：公共卫生，公共安全，交通与出行，住房保障及人居环境，环境污染（水、雾霾等），网络空间，生态文明与生物安全，数据治理，隐私保护，应急管理及风险防控，法制社会，扶贫，养老，就业，其他。投票和统计结果如图 5-5 所示。

从调研结果分析看，公共卫生、环境污染、交通与出行、公共安全、住房保障及人居环境、生态文明与生物安全、应急管理及风险防控等依次被认为是较为迫切的城乡治理领域。

调研问题：在数字化城乡治理主体体系中哪个维度最应得到加强（单选）？备选答案有：加强政府在治理中的作用，加强企业在治理中的作用，加强个人在治理中的作用，其他。投票和统计结果如图 5-6 所示。

当前需求迫切的城乡治理领域有哪些？ （选您认为最紧迫的前5个）

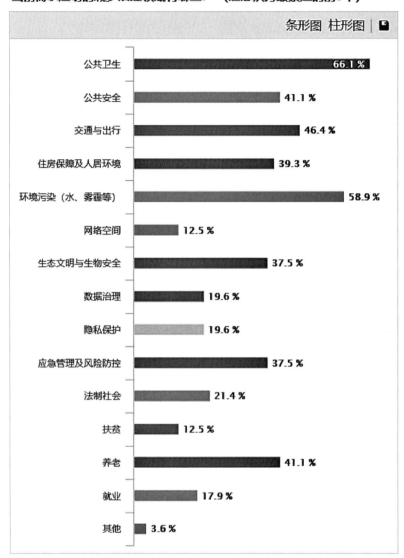

图 5-5　当前需求迫切的城乡治理领域调研问卷结果

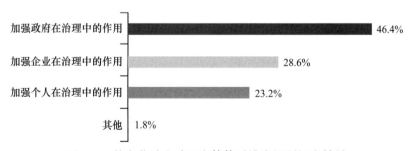

图 5-6　数字化城乡治理主体体系维度调研问卷结果

调研结果显示，加强政府在治理中的作用占最大比例，达 46.4%，其次是企业、个人。可见大众对加强政府在治理体系中的作用是期待的。

调研问题：哪些新基建对促进城乡治理现代化见效较快（最多选3项）？备选答案有：通信网络基础设施（以5G、物联网、工业互联网、卫星互联网为代表），新技术基础设施（以人工智能、云计算、区块链等为代表），算力基础设施（以数据中心、智能计算中心为代表），智慧建筑（智慧社区、智能公共建筑等），智能交通（城际高速铁路、轨道交通等），智慧能源（新能源汽车、充电桩、特高压等），重大科技基础设施，科教基础设施，产业技术创新基础设施，其他。投票和统计结果如图5-7所示。

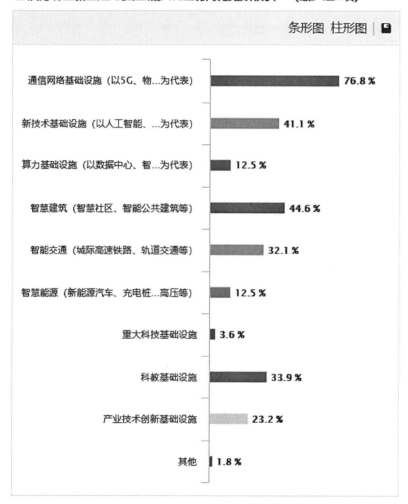

图 5-7 对促进城乡治理现代化见效较快的新基建调研问卷结果

调研结果显示，通信网络基础设施（以5G、物联网等为代表）占比达76.8%，被认为是见效最快的新基建，其次是智慧建筑、新技术、科教等新基建。

调研问题：未来 5 年发展较快的智慧城市领域是哪些？备选答案有：智慧建筑，智慧社区，智慧园区，智慧工业，智慧交通，智慧物流，智慧能源，智慧教育，智慧环保，智慧零售，智慧金融，智慧征信，智慧养老，智慧医疗，智慧旅游，智慧农业，智慧水务，电子政务，安全应急，特色小镇。投票结果如图 5-8 所示。

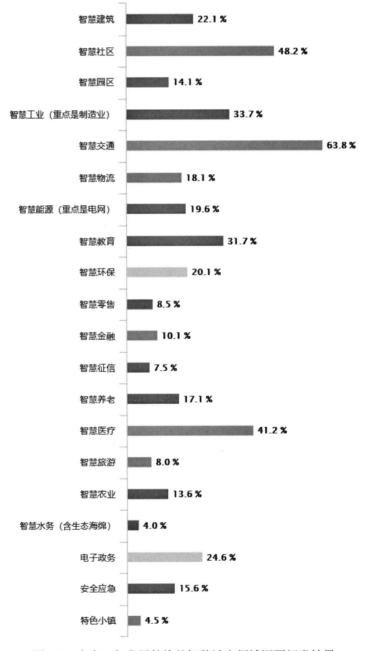

图 5-8 未来 5 年发展较快的智慧城市领域调研问卷结果

调研结果显示，智慧交通、智慧社区、智慧医疗、智慧工业排在前四位，未来这几个领域将呈现蓬勃发展态势。

调研问题：您看好哪些热点新基建着力点？备选答案有：城市信息模型（CIM），数字孪生，工业互联网，工业大数据，工业 AI，农业物联网，信息安全，数字中台，城市大脑，大数据中心，5G、6G，北斗，空间互联网，物联网，智慧能源，智慧建筑，智慧交通，智慧教育，智慧社区，无人驾驶及车联网，智慧医疗健康，互联网 +，智慧政务，其他。投票结果见表 5-2 所示。

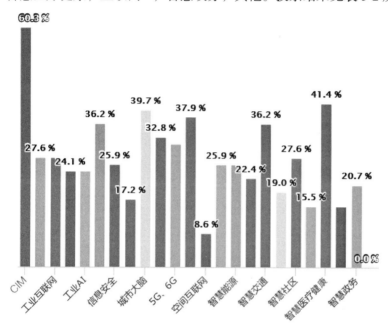

热点新基建着力点调研问卷结果　　　　表 5-2

选项	占比	选项	占比
城市信息模型（CIM）	60.3%	空间互联网	8.6%
数字孪生	27.6%	物联网	25.9%
工业互联网	27.6%	智慧能源	25.9%
工业大数据	24.1%	智慧建筑	22.4%
工业 AI	24.1%	智慧交通	36.2%
农业物联网	36.2%	智慧教育	19.0%
信息安全	25.9%	智慧社区	27.6%
数字中台	17.2%	无人驾驶及车联网	15.5%
城市大脑	39.7%	智慧医疗健康	41.4%
大数据中心	32.8%	互联网 +	15.5%
5G、6G	31.0%	智慧政务	20.7%
北斗	37.9%	其他	0.0%

调研结果显示，城市信息模型（CIM）以 60.3% 的比例位列第一，足见城市信息模型的潜在生命力与大众认可度。智慧医疗健康、城市大脑、北斗等细分热点也占有较高的比例。

调研问题：您认为新基建建设持续多少年才能够使城乡治理现代化目标基本实现？投票结果如图 5-9 所示。

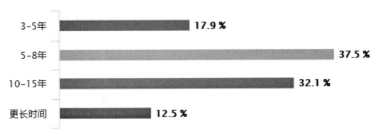

图 5-9　新基建建设持续时间调研结果

调研结果显示，大众普遍认为中国新基建建设将持续 5—8 年，认为将持续 10～15 年的也较多。因此总体来看，中国新基建的完成周期约为 10 年左右。

调研问题：您预测未来两年哪类新型基础设施将获最大投资？投票结果如图 5-10 所示。

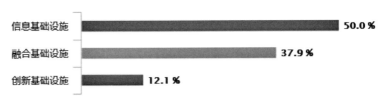

图 5-10　未来两年将获最大投资的新型基础设施调研结果

调研结果显示，信息基础设施被认为是将获最大投资的领域，其次是融合基础设施和创新基础设施。

以上调研问卷从不同角度对新基建如何驱动城乡治理现代化做了调研与分析，问卷关注点包括信息技术、行业领域、治理模式、人、投资等关键点，以期为新基建时代的城乡治理现代化提供全方位支点，在客观投票机制下较全面地反映新基建对现代城乡治理的影响、作用及将产生的效果。

6 基于数字孪生的城市智慧治理理论和技术

6.1 国家治理体系与治理能力现代化发展战略态势

中国共产党第十九届中央委员会第四次全体会议着重研究了坚持和完善中国特色社会主义制度、推进国家治理体系和治理能力现代化的若干重大问题。习近平总书记指出："坚持和完善中国特色社会主义制度、推进国家治理体系和治理能力现代化，是关系党和国家事业兴旺发达、国家长治久安、人民幸福安康的重大问题。"2019 年底至今爆发的新冠肺炎（Corona Virus Disease 2019，COVID-19）疫情充分显示了这一论断的前瞻性和科学性。在 2020 年 2 月 14 日召开的中央全面深化改革委员会第十二次会议上，习近平强调，确保人民群众生命安全和身体健康，是我们党治国理政的一项重大任务。习近平在讲话中指出，这次抗击新冠肺炎疫情，是对国家治理体系和治理能力的一次大考。要研究和加强疫情防控工作，从体制机制上创新和完善重大疫情防控举措，健全国家公共卫生应急管理体系，提高应对突发重大公共卫生事件的能力水平。城市治理是国家治理体系的重要组成部分，城市治理能力直接关系到国家治理能力，因此城市治理体系建设与治理能力提升成为关系到国家经济社会发展的重大命题。

国家新型城镇化规划（2014—2020）明确提出"推动新型城市建设"，规划以下重要内容：促进各类城市协调发展——增强中心城市辐射带动功能，加快发展中小城市，有重点地发展小城镇；强化城市产业就业支撑——优化城市产业结构，增强城市创新能力，营造良好就业创业环境；完善城市治理结构——强化社区自治和服务功能，创新社会治安综合治理，健全防灾减灾救灾体制；完善城乡发展一体化体制机制——推进城乡统一要素市场建设，推进城乡规划、基础设施和公共服务一体化。

2017 年 7 月，国务院印发了《新一代人工智能发展规划》（国发〔2017〕35 号），指出"人工智能的迅速发展将深刻改变人类社会生活、改变世界"。2018 年 3 月，李克强总理在十三届全国人大一次会议中提出"要推进'互联网＋'来拓展'智能＋'，把它和医疗、教育、政务服务等结合起来，推动数字经济、共享经济向前发展"。2019 年 3 月 5 日，十三届全国人大二次会议上，政府工作报告首次出现"智能 +"，并明确指出要打造工业互联网平台，拓展"智能 +"，为制造业转型升级赋能。同时指出要"促进新兴产业加快发展。深化大数据、人工智能等研发应用，培育新一代信息技术、高端装备、生物医药、新能源汽车、新材料等新兴产业集群，壮大数字经济"。大数据是以容量大、类型多、存取速度快、应用价值高为主要特征的数据集合，正日益对全球生产、流通、分配、消费活动以及经济运行机制、社会生活方式和国家治理能力产生越来越重要的影响。《中华人民共和国国民经济和社会发展第十三个五年规划纲要》提出实施国家大数据战略，旨在全面推进我国大数据发展和应用，加快建设数据强国，推动数据资源开放共享，释放技术红利、制度红利和创新红利，促进经济转型升级。2015 年 9 月，国务院印发了《促进大数据发展行动纲要》（国发〔2015〕50 号）。为加快实施国家大数据战略，推动大数据产业健康快速发展，工信部编制印发了《大数据产业发展规划（2016—2020 年）》。

6.2　新基建时期现代化城市治理需求与现状

从中央会议内容看，新基建侧重于 5G、数据中心、人工智能、工业互联网等新一代信息技术。新基建需为中国创新发展、绿色环保发展，特别是抢占全球新一代信息技术制高点创造基础条件，最受益的就是智慧城市建设。根据 IDC《2019H1 全球半年度智慧城市支出指南》，2018 年我国智慧城市技术相关投资规模为 200.53 亿美元，同比增长 15.91%；2019 年中国智慧城市技术相关投资达到约 228.79 亿美元，相较 2018 年增长了 14.09%。2020 年，中国市场支出规模将达到 266 亿美元，是支出第二大的国家，仅次于美国。我国推进智慧城市建设以来，住建部发布三批智慧城市试点名单，截至 2020 年 4 月初，住建部公布的智慧城市试点数量已经达到 290 个。若将科技部、工信部、国家测绘地理信息局、发改委所确定的智慧城市相关试点数量累加起来，目前我国智慧城市试点数量累计已达 749 个。当前，我国城市正处于新旧治理模式交替、城镇人口快速上升、信息技术应用加速落地阶段。

习近平总书记 2020 年 3 月 10 日在赴湖北省武汉市考察疫情防控时表示，要着力完善城市治理体系和城乡基层治理体系，树立"全周期管理"意识，努力探索超大城市现代化治理新路子。习近平总书记也曾深刻指出，"治理"和"管理"一字之差，体现的是系统治理、依法治理、源头治理、综合施策，要实现从"管理"向"治理"转变，激发基层活力，提升社区能力。当前，就城市而言，已经进入从管理升华到治理的历史阶段。在信息新基建、城市基础设施智能化改造、城市治理体制机制改革多重力量驱动下，网格化精细管理模式将逐步向数字孪生强智能化自治模式演进。数字孪生城市的目标是：城市规划建设一张图，城市治理虚实一盘棋，城市服务情景一站式。

城市全周期管理是指从立项、规划、设计、施工、调试到运行、维护等环节的管理过程，关系到政府、市民、城市设计者、供应商、城市维护人员等利益相关者，每一步都要求做到坚持系统思维，将管理维度与各种要素有机结合，建立科学化、程序化、制度化的全周期管理体制和机制。"全周期管理"的提出，为我们探索城市现代化治理提出了新的要求。何种理论能够深度刻画并进一步发展城市"全周期管理"，哪些技术可以支撑城市"全周期管理"建设实施？

2017年4月1日，中共中央、国务院决定设立雄安新区。这是以习近平同志为核心的党中央作出的一项重大的历史性战略选择。《河北雄安新区规划纲要》提出要坚持数字城市与现实城市同步规划、同步建设，适度超前布局智能基础设施，推动全域智能化应用服务实时可控，建立、健全大数据资产管理体系，打造具有深度学习能力、全球领先的数字城市，描绘出了数字孪生城市的雏形，也为正处于"深水区"的智慧城市建设提供了新思路。2020年7月28日，住房和城乡建设部与上海市人民政府在沪签署共建超大城市精细化建设和治理中国典范合作框架协议。双方合作共建超大城市精细化建设和治理中国典范，是贯彻落实习近平总书记关于城市建设和治理重要指示精神的具体实践，是贯彻落实党中央、国务院决策部署的重要举措。2020年7月，住建部、工信部等13部委发布推动智能建造与建筑工业化协同发展的指导意见，提出：到2025年，我国智能建造与建筑工业化协同发展的政策体系和产业体系基本建立；到2035年，我国智能建造与建筑工业化协同发展取得显著进展，企业创新能力大幅提升，产业整体优势明显增强，"中国建造"核心竞争力世界领先，建筑工业化全面实现，迈入智能建造世界强国行列。希望通过融合城市多源信息，探索建立表达和管理城市三维空间全要素的城市信息模型（CIM）基础平台。

6.3 疫情考验下智慧城市建设不足分析

在2019新型冠状病毒（2019-nCoV）突发疫情事件的考验下，智慧城市建设发展暴露出诸多短板。其中城市公共卫生智能防控体系、城市智能应急管理体系、城市公共服务体系尚未被很好地建立是最突出的几个问题。这些问题反映出当前我国诸多省市县的智慧城市智能化程度不高、韧性不足、应对突发公共事件的能力不强。这与长期以来智慧城市规划、建设、运营、管理方对城市风险的重视程度不够、认知程度不深密切相关，也与城市顶层设计的战略高度、前瞻性、整体性不足有深刻关联。

目前，我国智慧城市建设还存在如下缺项：缺科学务实的顶层规划；缺科学精准的体制机制体系；缺统一数据资源体系；缺统一 AI 智能计算模型体系；缺高度智能高效协作的业务实施体系；缺原始和集成创新体系。

以 COVID-19 突发公共卫生事件为例，分析智慧城市建设的新需求及城市智慧治理体系构建的必要性。从综合视角看，COVID-19 类流行性传染病的主体部分由生物学决定，系统体系包括感染机制、个人行为层面、政府政策与行动等组成要素，需要系统思考、系统协同、系统决策。实际情况是，作为个体的人不会直接影响政府的行为，流行性传染病具有潜伏性、突发性、随机性等综合特点并且与个人、政府没有先期固定性联系，因此个人行为、政府行为、突发公共卫生事件就构成了一个具有不确定性关系的三元组合体，正确描述三元之间的关系，并建立一种可行的具有治理意图的模型具有重要实际意义。这也构成了现阶段智慧城市建设发展的新需求，即如何应对像 COVID-19 这类突发公共卫生事件。

COVID-19 疫情给我们的另一个启发是：智慧城市规划设计的顶层思维不足，缺乏高质量顶层设计，必须从城市治理的角度系统审视、重新复位我们的城市规划设计思维模式。智慧城市涉及的政府管理部门多、业务领域跨度大、技术要求高，国家级、地方级的相关政策规划和法律法规制定都尚待完善，因此智慧城市已经不单单是城市建设管理的问题，而是城市治理、经济发展、社会发展的综合性问题。

突如其来的新冠肺炎疫情肆虐给我们的智慧城市建设提出了严峻考验，触发了一系列值得深度思考和改进的突破点。以往，由于建设目的不够明确导致建设思路不够清晰，有些城市盲目跟风，把智慧城市建设作为政绩工程和形象工程，贪大求全。有的城市把智慧城市仅仅定位在工程建设，没有明确城市的治理体系，更没有明确主要工作任务和实施路径。当前智慧城市建设存在的主要问题梳理如下：

（1）重城市和社会管理，轻公共服务。历经十余年建设发展，智慧城市从一开始的电子政务到后来的城市管理，更多的是侧重于业务信息化管理。据有关统计，从 50 多个城市的工作报告中提出的智慧城市工作重点来看，智慧城市更多关注社会监管功能，而非公共服务。从智慧城市以人为本的核心理念出发，城市应该以满足生活在城市中的人的自身需求为中心来构建智慧城市的逻辑架构与发展蓝图。城市公共服务是最能体现"以人为本"理念的城市业务板块，教育、医疗、健康、食品、社交、人居环境、文化等都是公共服务的重要资源，也是最能提升城市居民幸福感、获得感、满足感指数的源泉。

（2）生态文明治理程度不够，生物安全意识薄弱，相关法律法规保障不足。COVID-19 的爆发凸显了生物安全、生态环境保护、生态文明治理的重要性和紧迫性。2020 年 2 月 14 日，中共中央总书记、国家主席、中央军委主席、中央全面深化改革委员会主任习近平主持召开中央全面深化改革委员会第十二次会议并发表重要讲话。习近平强调，要强化公共卫生法治保障，全面加强和完善公共卫生领域相关法律法规建设，认真评估传染病防治法、野生动物保护法等法律法规的修改完善。要从保护人民健康、保障国家安全、维护国家长治久安的高度，把生物安全纳入国家安全体系，系统规划国家生物安全风险防控和治理体系建设，全面提高国家生物安全治理能力。要尽快推动出台生物安全法，加快构建国家生物安全法律法规体系、制度保障体系。

（3）风险防控体系不健全，应急管理能力不足，城市韧性差。智慧城市建设中对城市风险的认识不足，导致规划设计不足，有的城市甚至没有将风险防控体系考虑进来。目前，针对城市韧性的增强，应认真思考如下问题：城市有哪些需要预防、预测、预警的风险领域？智慧城市的风险防控体系该如何构建？基于智慧城市风险防控体系该如何构建并优化城市应急管理体系？如何规划、设计、建设高精度、高实时性、高可靠性的城市风险防控和应急管理系统？

（4）大数据支撑的智慧城市管理与决策缺乏系统性理论，智慧城市大数据联通、共享、服务能力不足。目前，以数据科学为基础的数据驱动管理与决策理论体系尚未真正形成，复杂系统理论、人工智能理论、公共管理理论、经济管理理论都与此有交集，但如何融会贯通、如何建立交叉领域的新理论目前仍在探索中。以往该领域以数据挖掘为主要理论支撑的研究与实践比较常见。数据挖掘是从大量的、不完全的、有噪声的、模糊的、随机的数据集中识别有效、新颖、潜在有用，以及最终可理解的模式的过程。它包括数理统计、机器学习、深度学习、数据库、数据仓库、模式识别、粗糙集、模糊数学等相关理论和技术。但数据挖掘并不能完整解决智慧城市大数据的互联互通、深度共享、有效利用问题。智慧城市大数据的城市域统一采集、处理、归集、分析、共享、交换、应用仍没有形成成熟体系，目前在某些环节上正在局部改进，但无法满足城市智能科学管理与决策的实际需求。

（5）城市安全体系与安全环节属于薄弱领域，信息安全保障体系尚未形成。很多城市采纳国外厂商的解决方案，并依托国外厂商建设城市重要领域的信息系统，这必然造成严重的信息安全隐患。目前，智慧城市安全体系仍没有明确的定义。如何构建城市安全体系，如何改善城市安全关键业务与技术环节，如何从根本上消除城市数据、通信、业务领域等综合安全隐患？都是亟待解决的重要问题。

（6）标准规范缺乏，标准体系和政策法规体系尚未形成。目前我国智慧城市国家标准、行业标准、团体标准都尚待补充和完善，数量上严重不足。我国的智慧城市标准体系尚未形成，层次分明、结构合理的智慧城市标准体系有望在3～5年后初步形成，真正完善和实用至少要用10年时间。从总体上看，我国智慧城市的政策法规体系也尚未形成。政策和法规都需要根据业务领域和数字技术的发展同步修订和完善，但目前已经出现某些政策法规滞后于智慧城市领域进展的局面。目前国内许多城市都开发和部署了各种与智慧城市相关的信息化系统，但是由于先期没有标准和法规可依，普遍存在碎片化发展情况，缺乏统一规划和建设，这种现状实际上严重制约了智慧城市的进一步建设发展。未来的智慧城市建设需大力推动标准和规范的先行建设，并引导智慧城市各参与方采用统一标准，在实际建设过程中进行不断丰富完善标准体系。

对今后智慧城市建设重点投入方向做如下研判。

重点投入方向一：加速提升生物安全监测与管理能力

近年来，世界范围内频发的严重"生物事件"，特别是2020年发生的新冠肺炎COVID-19突发公共卫生事件，使得"生物安全"和"生物安全法"进入国家战略范畴。但目前大众对生物安全问题普遍缺乏认识，甚至很多人没有听说过生物安全。我国现阶段的生物安全管理体系亟待完善。2020年2月14日，中央全面深化改革委员会第十二次会议明确，要从保护人民健康、保障国家安全、维护国家长治久安的高度，把生物安全纳入国家安全体系，系统规划国家生物安全风险防控和治理体系建设，全面提高国家生物安全治理能力。要尽快推动出台生物安全法，加快构建国家生物安全法律法规体系、制度保障体系。从智慧城市建设管理的角度看，应在智慧城市大数据管理平台中加重对生物安全的监测与管理，自底向上采集生物安全相关信息，在城市边缘计算层和城市大数据平台中进行实时分析与智能计算，确保生物事件，特别是突发公共卫生事件的预警、预测及精准防控。同时，应把生物安全纳入国家安全体系，系统规划国家生物安全风险防控和治理体系建设，全面提高国家生物安全治理能力。

重点投入方向二：加快健全城市公共安全应急管理体系和城市风险防控体系

这次疫情的突发暴露出智慧城市建设中的诸多不足，其中城市公共安全应急管理体系不健全及城市风险防控体系尚未全面建立是最突出的问题之一。这些问题导致智慧城市韧性不足，智慧城市应对突发公共事件的能力不强。这与长期以来智慧城市规划、建设、管理方对城市风险的重视程度不够、认知程度不深密切相关，导致在规划阶段就没有充分考虑应急管理体系和风险防控体系的完整构建。今后，针对公共安全应急管理体系与城市风险防控体系的构建，应重点布局实施以下内容：研发以风险预测、预警、预防为目标的智慧城市风险防控系统，构建全国一体化智慧城市风险防控体系。基于智慧城市风险防控体系构建、优化智慧城市公共安全应急管理体系，加快推动和实现我国突发危机下智慧城市公共安全应急管理及治理模式创新，并构筑长效运营机制。智慧城市应急管理体系建设是一项共建、共治、共享的重大系统工程，与人民群众利益密切相关，也是城市管理与治理能力提高的重要标志，是国家治理体系与治理能力现代化的重要支撑。

重点投入方向三：加强公共服务供给、配送及共享能力

据有关统计，从 50 多个城市的工作报告中提出的智慧城市工作重点来看，智慧城市更多关注社会监管功能，而非公共服务。从智慧城市以人为本的核心理念出发，城市应该以满足生活在城市中的人的自身需求为中心来构建智慧城市的逻辑架构与发展蓝图。城市公共服务是最能体现"以人为本"理念的城市业务板块，教育、医疗、健康、食品、社交、人居环境、文化等都是公共服务的重要资源，也是最能提升城市居民幸福感、获得感、满足感指数的源泉。

当前智慧城市的公共服务提供能力相对迅速增长的城市和社会需求来讲，显得尤为不足，而且各地发展水平参差不齐。人居、能源、交通、环境等基础设施服务及其共享能力不足，因此在类似突发疫情这类公共事件面前就显得供给能力相对较弱。很多城市无法通过智慧城市体系提供灾情应对服务，相关数据、物资、人员等资源的高效配送与协同体系没有真正建立起来，使得城市公共服务能力大打折扣。因此，未来的智慧城市建设应以提供能源、医疗、人居等公共服务为核心，在提高灾害应对能力的同时，真正做到以人为本，为人提供高品质服务。

6.4 基于城市信息模型和数字孪生城市的城市治理

6.4.1 城市信息模型（CIM）

城市信息模型（City Information Modeling，CIM）是以城市的信息数据为基础，建立起三维城市空间模型和城市信息的有机综合体。城市信息模型目前尚无统一的明确定义，CIM 的内涵和外延目前仍处于探索期，业内较有代表性的解释为：（1）CIM = GIS + BIM；（2）CIM = BIM + GIS + 物联网（IOT）；（3）CIM = BIM + 城市业务实体。本书认为，CIM = 以数字技术为治理引擎（简称数字引擎）的数字孪生城市之数字孪生体。其中，数字技术 = BIM + GIS + IOT + AI + 5G + Block Chain + Big Data + 卫星互联网 + ……。基于数字孪生的城市信息模型（CIM）概念图如图 6-1 所示。

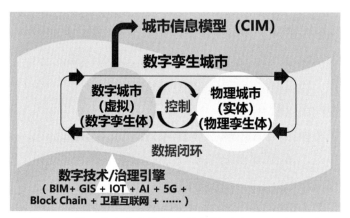

图 6-1　基于数字孪生的城市信息模型（CIM）概念图

如何从数字化、信息化角度为城市治理提供支撑已经成为时代的迫切需求。城市信息模型（CIM）为城市现代化治理提供了新方法、新途径、新工具。城市信息模型试图从城市建模的角度为城市提供更加科学严谨的表达，以"信息"为主线贯穿城市空间，使物理分散的城市在信息空间中实现逻辑集成，因此能够更好地优化城市、管理城市、治理城市。

6.4.2　城市智慧治理体系

当前，就城市发展而言，已经进入从管理升华到治理的历史阶段，网格化精细管理模式将逐步向数字孪生强智能化自治模式演进。治理是政府的治理工具，是指政府的行为方式，以及通过某些途径用以调节政府行为的机制。在治理的形态中，政府治理主要体现在制度供给、政策激励、外部约束。如何从数字化、信息化角度为城市治理提供支撑已经成为时代的迫切需求。城市信息模型（CIM）为城市现代化治理提供了新方法、新途径、新工具。城市信息模型试图从城市建模的角度为城市提供更加科学严谨的表达，以"信息"为主线贯穿城市空间，使物理分散的城市在信息空间中实现逻辑集成，因此能够更好地优化城市、管理城市、治理城市。

智慧城市的深度发展亟需建立城市智慧治理体系。本书结合当前技术现状和政策环境，提出以下几个相辅相成的概念。

数字生命体：以数字技术为系统骨架、神经中枢、智慧元细胞的数字基础设施，具有生命体的一般特征，符合生命体的一般规律。

城市数字生命体：对城市而言，城市数字生命体可等同于城市信息模型（图 6-2）。

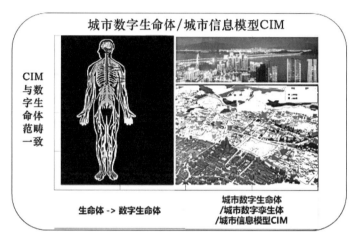

图 6-2　城市数字生命体与城市信息模型

城市数字孪生体 / 城市信息模型：在城市空间内，以数据流纵横联通编织神经网络，以"人工智能 +"城市业务领域全时空优化形成大规模并行计算神经元触点群，打造出的高度智能、协同、自治的数字生命体。城市信息模型是物理城市的虚拟镜像，它以数字基础设施融合体作为引擎驱动城市域经济社会发展，是城市智慧治理体系的智慧支撑。

数字孪生城市 / 城市信息模型操作系统：以数字生命体为操作、调度、管理、协作统一平台，服务于基础设施建设、产业发展、民生服务、政府管理等各领域的底层通用技术与管理系统，为城市智慧治理体系提供数字系统基座。

城市智慧治理体系：是城市支撑国家治理体系和治理能力现代化水平提高的实现载体，是一套在数字政府管理与决策平台统一指导下的多方协同共治体系。从 { 个人行为，政府行为，城市事件 } 不确定性关系三元组合体平衡的视角，建立一种可应用于实际工程的具有治理意图的城市智慧治理模型体系。以 14 个基础"微循环体"（对应 14 个智慧治理子模型，可依据实际情况拓展）作为城市智慧治理模型体系的核心。各"微循环体"以模型方式封装设计，构成智慧治理模型矩阵。14 个智慧治理子模型分别为：城市构件模型、元技术模型、元业务模型、数据智能模型、管控模型、决策模型、服务模型、资产模型、评价模型、组织模型、安全模型、标准模型、政策模型、风控模型（图6-3）。城市智慧治理体系以满足城市发展需求为目标，以数据智能科学和城市科学为核心理论支撑，以大数据智能治理中心为主节点，以分散协同的中小治理中心为普通节点，以泛在智能物联网为传输神经系统，以人工智能、大数据、BIM、GIS、云计算、物联网等新型信息基础设施的超融合技术为智慧引擎，具有经济社会发展需求触发下的自组织、自协同、自学习、自演进本质特征。

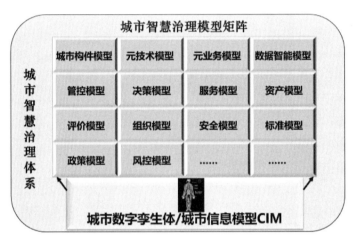

图6-3 城市信息模型支撑模型化城市智慧治理体系

城市数字孪生体／城市信息模型的落地实施必须具备四个前提：海量多元的数据，智能的算法，强大的算力，足够大且安全的存储。目前，海量、多元、异构数据的规范化采集、分析、处理及在此之上的数据互联互通、共治共享仍存在困难。以城市为单位，每一秒钟产生的数据大到惊人，这对带宽要求非常大，而且在很多城市场景中对数据实时性、可靠性的要求非常苛刻。这就要求城市中亿万节点必须全面实现"智慧化"，每一节点都应具备自主智能计算、分析、处理能力，在此基础上形成一张分布式、自组织、自学习的智能网络，必须综合运用云计算、边缘计算、人工智能、物联网、数据仓库、数据湖等多种数字技术。

城市数字孪生体／城市信息模型的系统架构设计必须兼顾逻辑模型和技术模型，从业务管理视角和技术视角进行全方位的系统规划设计。从数据基础设施层面看，必须要健全基础数据库、业务数据库、知识库、算法库、元数据库、主数据库体系，必须构建内部、外部两套数据源体系，在此基础上融合形成可便捷交换共享的数据服务平台。以"数据、知识、服务、资产"的逻辑脉络构建城市数字孪生体／城市信息模型总体逻辑架构，以"物联感知、边缘控制与服务、网络传输、云控制与服务、数据资产运营管理"的技术脉络构建城市数字孪生体／城市信息模型总体技术架构。

城市智慧治理体系建设发展面临着如下关键任务：

（1）开展城市信息模型、城市治理体系模型、城市群体协同服务等基础理论研究，突破城市多尺度立体感知、跨领域数据汇聚与管控、时空数据融合的智能决策、城市数据活化服务、城市系统安全保障等共性关键技术。

（2）研发城市智慧治理公共服务平台，并实现一体化智慧化运营管理，积极探索和挖掘数据智能的价值，沉淀数据智能资产。

（3）开展城市智慧治理体系的集中应用创新示范，强化体系应用，以应用为牵引迭代推进体系理论完善与升级。

DT（Data Technology）是数据处理技术的英文缩写。DT 时代即数据科技时代，它以大数据智能为核心技术，以服务大众、激发生产力、改进生产关系为主要目标，以用户体验为主要特征。城市数智网将助力城市管理与决策畅通"微循环"，城市智慧治理体系将为国家疫情防控体制机制建设提供有效支撑，为健全国家公共卫生应急管理体系提供解决方案，从而支撑现代化国家治理体系构建，助力国家治理能力提升。以城市数智网为基础构建的城市智慧治理体系将有效解决当前智慧城市建设发展模式缺乏可持续性问题，弥补系统性、整体性、技术性、韧性不足不强等发展中的短板，能够帮助城市建立智能运营和智慧管理的长效机制，改善相应的配套体制机制和法制环境，最大化激发社会力量参与智慧城市建设的积极性和创造性，最终有助于国家新型城镇化事业的持续推进。

6.4.3 数字孪生城市

6.4.3.1 国外数字孪生研究发展情况

数字孪生城市的理论基础是数字孪生，而数字孪生又和数字工程、系统工程特别是基于模型的系统工程密切相关。美国空军在 2013 年发布的《全球地平线》顶层科技规划文件中，将数字线索（Digital Thread）和数字孪生（Digital Twin）视为"改变游戏规则"的颠覆性机遇，并从 2014 财年起组织洛克希德·马丁、波音、诺斯罗普·格鲁门、通用电气、普拉特·惠特尼等公司开展了一系列应用研究项目。西门子公司提出了"综合数字孪生体"的概念，其中包含数字孪生体产品、数字孪生体生产和数字孪生体运行的精准的连续映射递进关系，最终达成理想的高质量产品交付。2018 年 7 月 5 日，美国国防部正式对外发布"国防部数字工程战略"。数字工程战略旨在推进数字工程转型，将国防部以往线性、以文档为中心的采办流程转变为动态、以数字模型为中心的数字工程生态系统，完成以模型和数据为核心谋事做事的范式转移。

美国国防部正在通过数字孪生化为军队的数字化转型提供基础，满足美国国防部所强调的"速度"要求。其数字工程战略五大目标是：推进数字孪生化；确保数据单一来源；保证开放式创新；建设数字孪生基础设施；建立数字文化和团队。按照美国国防部推进的流程，以上五个目标是指引数字工程战略实施的主攻方向（图6-4）。

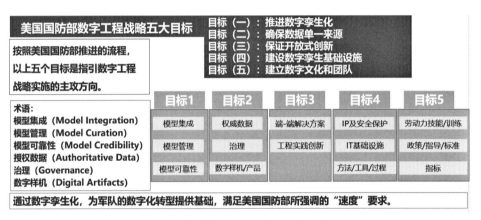

图6-4　美国国防部数字工程战略五大目标

数字线索是数字孪生的核心技术。美国空军认为，系统工程将在基于模型的基础上进一步经历数字线索变革。数字线索是基于模型的系统工程分析框架。数字线索的特点是"全部元素建模定义、全部数据采集分析、全部决策仿真评估"，能够量化并减少系统寿命周期中的各种不确定性，实现需求的自动跟踪、设计的快速迭代、生产的稳定控制和维护的实时管理。数字线索旨在通过先进的建模与仿真工具建立一种技术流程，提供访问、综合并分析系统寿命周期各阶段数据的能力，使管理部门能够基于高逼真度的系统模型，充分利用各类技术数据、信息和工程知识的无缝交互与集成分析，完成对成本、进度、性能和风险的实时分析与动态评估。数字线索将变革传统产品和系统研制模式，实现产品和系统全生命周期管理。数字线索的应用，将大大提高基于模型系统工程的实施水平，实现"建造前运行"，颠覆传统"设计－制造－试验"模式，在数字空间中高效完成大部分分析试验，实现向"设计－虚拟综合－数字制造－物理制造"的新模式转变。基于数字线索和数字孪生可构建智能应用场景，典型的如：故障诊断、预测性维护等（图6-5）。

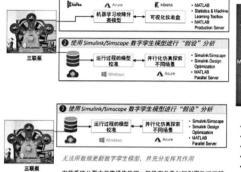
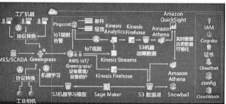

图 6-5　故障诊断和预测性维护数字孪生应用场景

6.4.3.2　数字孪生几个基本问题

数字孪生的本质是基于数据线索的控制。

数字孪生七要素是：物理空间、数字空间、数据、模型、控制、管理、服务。信息物理系统（CPS，Cyber-Physical Systems）是一个综合计算、网络和物理环境的多维复杂系统，通过 3C（Computer、Communication、Control）技术的有机融合与深度协作，实现大型工程系统的实时感知、动态控制和信息服务。数字孪生建立在信息物理系统基础之上，更加侧重于数据和模型，聚焦数字工程管理与技术两个层面，促进管理与技术深度融合，为世界提供一种通用的智能基础理论及发展范式。

数字孪生及数字孪生-X系统（如：数字孪生城市、数字孪生工厂、数字孪生园区、……）七大组成部分如下：

传感器：负责采集信号、传输感知数据；

控制器：是系统的核心，也是智能控制算法的物理载体，对系统起到核心调节和控制作用；

数据：传感器提供的物联网数据和企业生产经营数据（如物料清单、设计图纸等）合并形成数字孪生的数据来源；

算法：利用数据挖掘分析技术开展数据分析、算法模拟、可视化等工作；

模型：采用智能控制理论建立仿真模型，通过模型模拟和计算物理世界，纠正管控偏差；

系统集成：通过系统集成技术（包括边缘计算、通信接口、网络等）实现物理世界和数字世界之间的数据传输；

智能管理决策平台：通过大数据智能辅助管理者实现系统管理和全局决策。

为什么要发展数字孪生？数字孪生具有如下重要作用：提升生产效率，提升协作效率，提供通用智能基础设施。因此，数字孪生提供了一种产业新引擎，可赋能城市和社会治理。一个事实是：工业界有一种"工业领域1%的革命"的说法，即全球工业的生产效率提升1%，成本将减少300亿。数字孪生能在工业、城市、交通、建筑、环保等各个领域带来显著的效率提升，未来将带来成本的极大下降。在新一代智能基础设施的推动下，数字孪生理念逐步延伸拓展至多行业。数字孪生正在成为通用智能基础设施。

6.4.3.3　数字孪生城市基本理论

数字孪生城市三要素是：数据、模型、服务。当空天地一体化网络、智能无人系统等技术充分发展起来以后，传统城市电子地图精度提升近百倍，实现高精度实时城市三维建模成为可能，数字城市孪生具备技术条件。各类业务平台系统数据、物联网终端数据、城市三维模型数据通过有序组合形成城市数字孪生体。在城市数字孪生体中存在各类智能模型与算法，与城市业务融合后，可产生各类有价值的城市服务。数字孪生城市概念模型如图6-6所示。

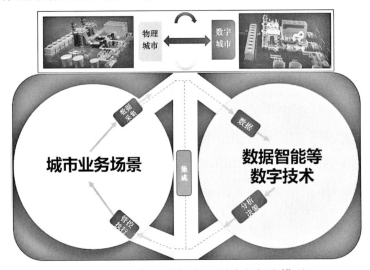

图6-6　数字孪生城市（DT城市）概念模型

从工业制造的视角看，城市也是一种制造的过程和工程，相应的数字孪生城市内涵如图6-7所示。

数字孪生系统（DT城市）的典型特征是：（1）胖客户机／服务器架构；（2）边缘智能；（3）反馈控制。海量运算是数字孪生城市接入设备的普遍特征，接入设备通常具有强大的计算能力。从计算性能的角度出发，把一些高端的CPS应用比作胖客户机／服务器架构的话，那么物联网则可视为瘦客户机服务器。因为物联网中的物品不具备控制和自治能力，通信也大都发生在物品与服务器之间，因此物品之间无法进行协同。数字孪生（DT）是开放的嵌入式系统加上网络和控制功能，其核心是 3C 融合、自主适应物理环境的变化，其中网络的功能主要是为了实现控制的目的，和一般意义上的网络有区别。物联网、传感网所擅长的是基于无线连接，主要实现的是感知，这对于 DT 来说太过简单。DT 需要实现的是感控，不仅仅实现感知功能，还需要实现控制，其对设备计算能力的要求远远超过了物联网、传感网所要求的。

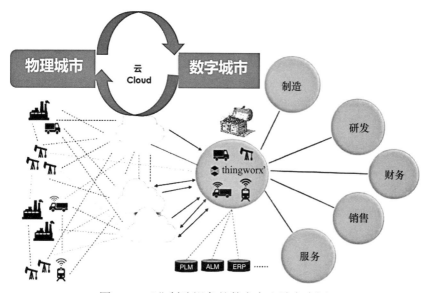

图 6-7 工业制造视角的数字孪生城市内涵

数字孪生注重的是感知控制及管理，目标是无人自主控制、协同自治。物联网注重的是连接与通信。所以，二者本质上是有差异的（图 6-8）。

图 6-8 数字孪生与物联网比较

DT 在继承 IoT 无处不在通信模式的基础上，更强调物体间的感知互动，强调物理世界与信息系统间的循环反馈，它将地理分布的异构嵌入式设备通过高速稳定的网络连接起来，实现信息交换、资源共享和协同控制。

6.4.4　多粒度数字孪生城市治理模式

6.4.4.1　多粒度数字孪生城市

从系统工程视角分析，数字孪生城市系统可以按粒度分为设备级、系统级、复杂系统级、复杂巨系统级四个系统层级，且自顶向下具有包含关系。

设备级数字孪生城市。设备级对应智慧城市系统的最小组成单位，主要包括单一设备（如边缘网关、智能传感器等）。这些单元要素构成了设备级数字孪生城市。难点：具有自主可控、安全可信特点的设备级通信机制及工业级底层通信协议，保证设备级核心装置的安全性。

系统级数字孪生城市。在设备级的基础上，通过多元异构城市网络及其统一通信机制，多个设备级数字孪生体实现互连互通、互操作、互控制，构建城市垂直业务域数字孪生体，实现城市垂直业务领域数据流、资源流的内部协作。难点：多个设备级数字孪生体的集成会话机制，系统级数字孪生体统一通信机制。

复杂系统级数字孪生城市。在系统级的基础上，通过构建智慧城市综合管理平台，实现系统级数字孪生体之间的跨系统互联、互操作和协同优化，基于多个系统级数字孪生体形成复杂系统级城市域数字孪生体。

复杂巨系统级数字孪生城市。在复杂系统级的基础上，构建可跨城市群联动的统一区块链体系、统一互联互通认证体系、统一接入规范体系，打造城市群级数字孪生体。难点：城市群数字孪生体内部、外部互联互通、互信协作机制与技术。

系统工程包括技术过程和管理过程两个层面，技术过程遵循分解－集成的系统论思路和渐进有序的开发步骤。管理过程包括技术管理过程和项目管理过程。工程系统的研制，实质是建立工程系统模型的过程。在技术过程层面主要是系统模型的构建、分析、优化、验证工作。在管理过程层面，包括对系统建模工作的计划、组织、领导、控制。工程系统的研制过程，实际上是建立工程系统模型的过程，也是一个借助模型来实现技术沟通的过程。基于模型的系统工程（Model-Based Systems Engineering，MBSE）是建模方法的形式化应用，以使建模方法支持系统要求、设计、分析、验证和确认等活动。这些活动从概念性设计阶段开始，持续贯穿到设计开发以及后来的所有寿命周期阶段。国外把基于模型的系统工程视为系统工程的"革命""系统工程的未来""系统工程的转型"等。因此，系统工程的多层级分解与集成及嵌套思想，从本质上看与多粒度数字孪生是一致的。从系统工程视角看，智慧城市可看作是基于CIM

的系统工程。

多粒度数字孪生城市的建模仿真可采用 SysML 工具。通过将 SysML 模型和领域专业模型之间建立双向数据映射和交换，可实现多个领域模型与系统框架模型之间的跨域集成。利用 SysML 为数字样机提供准确的系统框架，通过定义好的系统框架模型将大量的数字信息交织在一起。系统框架模型有助于紧密连接系统逻辑和行为设计的需求。

多粒度数字孪生城市的 5 个核心要义如下：

（1）物理城市，是客观实体的集合，具有特定功能的完成生产任务的输入和输出。

（2）虚拟城市，是数字化的物理城市（物理城市的镜像），可以全生命周期完整反映物理城市。

（3）服务，集成了管理、控制和优化等各种功能，可根据需求提供应用服务。

（4）数据，是数字孪生的核心驱动因素，包括来自物理城市、虚拟模型和服务的数据，以及它们的融合数据。

（5）通过迭代和反馈连接以上四部分，确保实时交互与迭代优化，实现精准控制与精细化治理。

6.4.4.2 数据驱动的数字孪生城市闭环生态模型

数字孪生强调仿真、建模、分析和辅助决策，侧重的是物理世界对象在数据世界的重现、分析、决策。而可视化做的就是对物理世界的真实复现和决策支持。基于海量数据信息，通过数据可视化建立一系列业务决策模型，能够实现对当前状态的评估，对过去发生问题的诊断，以及对未来趋势的预测，为业务决策提供全面、精准的决策依据。

基于大数据引擎的数字孪生城市构建方法如图 6-9 所示。

基于大数据和知识工程的多粒度城市治理需要一套能够指导实践的模型，本书提出一种数字孪生城市数据闭环生态模型，如图 6-10 所示。

数字孪生城市应用系统数据建模思路：以"业务需求"为起点和中心，以"数据互联互通"为根本，从数据源抽取以下城市核心主题：人、物品、交通工具、环境、制度、案件、事件。构建包括以下四大组成部分的闭环数据生态模型：（1）数据中台，包括业务数据库、知识库、模型库；（2）数据服务总线；（3）城乡应用生态，包括国家级、省级、市级、县级、乡村级 5 个层级；（4）数据反馈线。提供定期和实时两类数据。基于闭环数据生态模型构建形成融智能业务体系和数据资源体系为一体的数据综合集成模型，可满足城市复杂多变的应用场景需求，同时具有抗突发事件的足够应急能力和持久韧性。

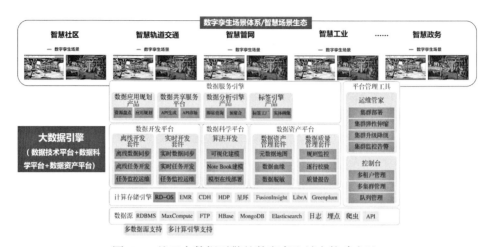

图 6-9　基于大数据引擎的数字孪生城市构建方法

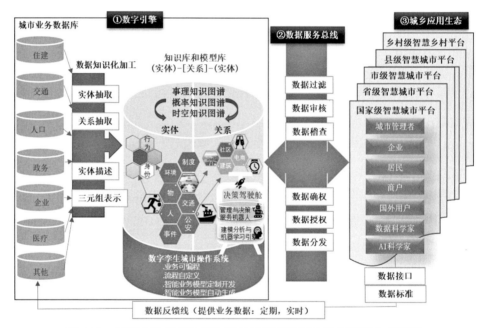

图 6-10　基于大数据和知识工程的数字孪生城市数据闭环生态模型

知识库和模型库融会贯通后形成大数据智能体系，包括三部分：业务知识图谱（可采用事理知识图谱、概率知识图谱、时空知识图谱等多类型先进知识图谱表示）、知识应用操作系统、决策驾驶舱（包括建模分析与机器学习引擎、管理与决策服务机器人）。知识应用操作系统的核心机制是：业务可编程，业务流程可定义，智能业务模型可定制开发，智能业务模型可自动生成。用户端通过数据接口（标准和非标两大类），经数据标准化处理后，向业务数据库提供业务数据（定期和实时两大类）。

基于闭环数据生态模型构建形成融智能业务体系和数据资源体系为一体的

数据综合集成模型，可满足城市复杂多变的应用场景需求，同时具有抗突发事件的足够应急能力和持久韧性。数字孪生城市数据闭环生态模型，即数字孪生视角的城市信息模型（CIM）为一体化智慧城乡技术体系和治理体系构建提供了切实可行的方案。

继党中央、国务院印发《国家新型城镇化规划（2014—2020年）》《关于建立健全城乡融合发展体制机制和政策体系的意见》之后，2020年4月，国家发展改革委印发《2020年新型城镇化建设和城乡融合发展重点任务》（发改规划〔2020〕532号），具体任务包括：提高农业转移人口市民化质量，优化城镇化空间格局，提升城市综合承载能力，加快推进城乡融合发展。数字孪生城市数据闭环生态模型为一体化智慧城乡技术体系和治理体系构建提供了切实可行的方案。

6.4.4.3 数字孪生驱动的城市治理模式

借助数字孪生这一通用智能基础设施，可实现新老基建的有机融合，进而开创出新基建时代智慧城市治理体系新模式。数字孪生驱动下的新老基建融合及智慧城市治理体系重构方式如图6-11所示。

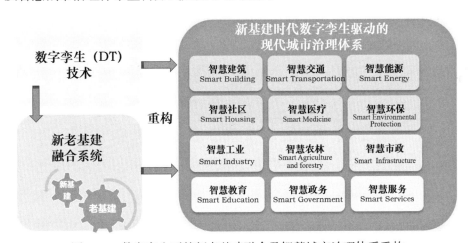

图6-11 数字孪生下的新老基建融合及智慧城市治理体系重构

第一步，打造城市数字生命体。城市数字生命体具有七个生命体征：自感知、自联通、自控制、自组织、自协同、自学习、自演进。通过六个维度技术或方法实现城市生命体，即：自动感知、泛在互联、敏捷计算、高度协同、闭环反馈、持续演进（图6-12）。

第二步，实现技术体系与治理体系的深度融合（图6-13）。

第三步，打造基于模型的现代城市治理体系（图6-14）。

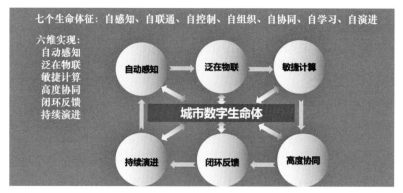

图 6-12　城市数字生命体

图 6-13　技术体系与治理体系融合

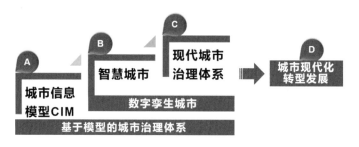

图 6-14　基于模型的现代城市治理体系

6.5　数字新基建驱动的城市闭环治理方略

6.5.1　总体框架

城市治理最终是要追求一种治理有效的结果，整体性闭环治理就是当前我国城市治理走向治理有效的一种可行策略。而作为数字引擎的数字新基建将为这个策略的实施提供有效工具。闭环治理策略由决策、行动和评估三个主要环节组成，由数字新基建统一驱动（图 6-15）。

图 6-15 整体性闭环治理策略总体框架

6.5.2 具体重点策略

在整体性闭环治理策略实施的过程中，应加强以下几方面工作。

1. 增强决策要素的多元性，增强决策过程的理性化

现代城市内部空间聚集、经济结构复杂、城市构成异质、资源要素高度集中，城市作为一个整体处于变动、开放的状态，不断与城市周边和其他城市之间进行互动和资源交换。现代城市的复杂性已经超越了单一主体、单个机构或部门所能应对的范围，城市治理迫切需要多元主体参与。以大数据为代表的信息技术运用能够有效地拓宽公民参与渠道，提供多元主体互动协商的平台，获取决策所需的"完整"信息，让决策部门实现有效沟通并进行方案会商。

数据平台能够促进公民参与，为治理主体提供较为弹性、灵活的意见表达机制，促进社会各方力量在可控条件下进行利益对话与协商，发现"公众最关心的问题"，明确"公众需要"，并在互动中形成集体一致的行动规则。数据应用不仅拓宽了公民参与渠道，还可以运用数据技术实现公民的实质性参与，而不再是传统的象征性参与。在这个过程中，公民甚至不需要有意识地主动参与，也不需要有特别的政治参与能力或者去特定的政治场合，只需要通过日常行为就能将自己的需求反映到治理决策过程中去。应用如手机信令技术，即手机用户与发射基站或微站之间的通信数据将城市人群活动规律以及人与环境的关系通过可视化的形式展现出来，从而成为城市空间规划决策的重要依据。

数据智能有利于获得决策完整信息。城市治理的一项重要工作是要合理地分配城市资源以满足城市人口、经济、社会发展的需要。而科学合理分配资源的前提是对该区域内的经济运行、人口分布、公共设施等基础数据有一个全面准确的把握。传统的统计调查由于受到人力物力和时间的限制，难以全面、及时地反馈城市运行数据。当没有足够的决策信息辅助时，决策主体倾向于依靠直觉和经验，这样的决策模式在风险小、变化慢的传统治理环境中有一定的效用。但依靠直觉和经验的决策模式不再适应当下复杂的、瞬息万变的治理环境，甚至会因为一个决策失误而产生连锁反应。在日益复杂的城市治理系统中，科学决策对信息的需求越来越大。以大数据为代表的信息技术发展可以提供应对策略。数据技术可以通过信息采集和运算，快速抽取和集成决策所需信息。这些信息可能是政府、企业和社会组织数据库里高价值密度的结构化数据，也可能是政府网站、社交网站上的数据，更有可能来自于每个个体日常行为产生的各种文档、图片、音视频"痕迹"，并通过数据挖掘、机器学习和统计分析等发掘、还原事物之间的潜在关联，尽可能从多个维度展现社会事物的全貌。统一信息共享平台能够实现不同部门业务数据的有机整合和不同来源数据的相互验证，进一步保证了数据的完整和准确。数据技术可以有效地打破不同主体间信息分享的技术阻碍，也可以增强对分散的、碎片化的和非结构化数据的应用，让公共决策有的放矢。现阶段城市管理部门可以综合运用摄像头收集到的视频影像信息、各类终端的刷卡信息、市民网络上的社交和消费信息，再结合政府机构和企业信息系统中的结构化和高价值密度信息，把握公众生活习惯与出行规律，快速识别潜藏危机和风险，为资源节约、车辆管理、预防犯罪、疾病防治、灾害预警方面的决策制定提供有效的数据支撑。

数据共享有利于治理方案的多部门协同。传统的城市运行中管理信息流转模式比较单一，主要是中心管理模式，即由交换中心向数据需求方转发。而大数据技术让部门共享和接入转发成为可能。接入转发模式改变了传统的城市运行管理信息流向，信息不再全部由源头部门获取后通过交换中心共享，而是根据决策需求选择由中心直接从信息源获取后转发。比如，环境监测部门对每日环境监测数据的发布，就是通过直接接入的方式获取全国各个城市的数据。这样的信息流转方式一方面利于提高实时信息的流转效率，另一方面有利于对跨领域信息的关联整合，提高决策支持的水平。以"云上贵州"为例，2014年起，贵州省工业、交通、旅游、环保等部门开展数据集聚与云应用，政府部门在统一的数据平台之外，不再单独建立数据库，全部使用"云上贵州"提供的数据储存和计算服务，以此实现政府各部门之间的高度数据共享和业务协同，增强部门之间的相互信任，政府决策将拥有了更多更全，且可供随时调用的数据与数据计算服务。在决策过程中，与传统的依靠文件签发和面对面沟通的会商模式不同，数据的流动可以让业务相关部门快速获得业务有关的其他部门掌握的信息，这将在很大程度上打破部门数据壁垒，让决策参与部门都能对该业务相关信息进行综合把握，进行意见交换和利益磋商，提高决策会商效率。部门之间的决策联动性增强，也让城市治理中的决策整体性提升，避免出现顾此失彼和"头痛医头、脚痛医脚"的不良循环。

2. 增强数据流动，促进城市治理行为的有效整合

基于大数据的信息化平台能够通过数据的流动打破部门、层级之间的阻隔，降低政府内部的沟通成本，并提高政府在线协作能力。城市政府与社会力量之间、城市政府与其他城市政府之间能够通过数据的流动实现信息共享和战略合作。整体性治理强调多元主体在政策执行过程中的整合行动，解决复杂棘手的公共问题，提高城市运行效率，并最终使一站式公共服务成为可能。而在整个过程中，大数据技术及其相关应用为行动整合提供支撑作用。

首先，数据技术可提高政府内部在线协作能力。传统的政府行政主要通过文件的流转来实现政务信息的上传下达，这种信息传递的方式需要花费大量的精力去解读文件精神，明确文件内容，甚至可能会造成一定程度的信息缺失。大数据平台的引入有望改善这一问题。当决策者将决策信息下达后，执行者能够借助数据平台清晰、全面地理解决策的内涵，并以此指导具体的执行工作。当决策执行需要多部门协同时，借助大数据在信息共享、数据传递、动态监控、动态分析方面的优势，能够明确各部门在政策执行中的角色和参与时序，帮助界定主体间的权重关系，促进治理主体积极地履行职责，增强整体行动效率，避免遇到难题时相互推诿，有利于消解主体博弈造成的集体行动困境。当机构和部门间的数据具有统一的标准且可获得，或者有集中统一的数据平台可供使用时，部门间的数据孤岛被打破，数据流动和融通变得顺畅，数据所承载的公共事务也会进一步被理顺，减少业务重复，简化办事流程和降低运行成本。即数据流动可以实现在既有的组织架构上，在不改变部门既有职能分工基础上，优化业务流程。数据服务平台的建设，使得城市一站式的政府服务也成为可能。

其次，数据融通推进政府与社会力量深度合作。在信息化时代，城市治理主体的差异性表现得更加明显，政府越来越需要借助社会的力量来强化自身能力。为了调动社会各方力量参与进城市治理，政府可以通过开放城市公共数据、相关工具和数据服务，允许公众查询、下载和使用。公共数据的开放和共享可以强化社会监督，推进政府的透明化、法治化和责任政府的建设；更重要的是，社会力量可以在这场数据开放与共享中发挥创新性和创造力，真正使社会活力得到激发和释放，促成群体智能和多方协同的公共价值塑造。大数据时代公共部门和社会之间的数据融通程度会越来越高，各地也在积极探索大数据交易制度，公共部门和社会力量之间的联结会更加紧密，共同致力于解决城市治理难题，并提供更高质量的公共服务。我国当前风险治理行政资源条块分割，整体规划使用效率不高，仅仅依靠城市政府，并不能有效应对城市风险的复杂性和不确定性。较于城市政府，在风险感知方面，公民和社会组织具有灵活性、广泛性等优势，能够快速收集到城市风险的规模、现象等初级信息，并将其反馈，缩短应急决策的过程，提高应急效率。除此之外，政府与社会之间通过数据平台进行良好的风险沟通，可以让市民实时了解风险治理进度，缓解因为危机事件带来的心理焦虑，达成风险共识。

第三，数据平台可以服务于城市群发展战略。在治理实践中，城市之间存在人才、投资等各种要素的竞争，不可避免出现地方保护主义阻碍资源要素的自由流动；但市场机制也同样会带来负外部性以及要素过度集中、城市差距进一步拉大等问题。在城市群的常规治理中，基于大数据的信息化平台有助于观察城市群内的要素流动方向、流动强度和流动频率，为城市之间各领域合作提供可靠的数据支持。此外，居民活动大数据，如手机信号数据、社交媒体签到数据，公交卡数据，城市铁路运行数据等能够反映城市间的真实联系图景，有助于城市之间的公共基础设施对接、公共资源共享甚至医疗、社保等公共服务的统筹。统一、高效、互联互通的数据共享和数据交换体系，能够推动信息资源跨地区、跨层级、跨部门共享，优化营商环境，提升区域核心竞争力。在专项治理中，典型如流域治理、空气治理、传染病防治和公共安全治理等，大数据平台采集城市群区域的相关数据，并通过可视化技术清晰展现出该事务涉及的范围和强度，并根据具体情况进行各主体权重划分，制定统一行动规则，加强城市群区域的整体治理能力。

6.5.3 评估反馈

作为治理过程闭环重要组成部分的评估反馈，承担着检验政策运行效果、决定政策未来走向的重要功能。数据技术的发展让多主体、多维度和全过程评估提供了更多的可能性。大数据应用能够为治理评估提供更加全面的数据信息、分析维度，发现事物潜在关联，有助于全面、客观、系统地评价治理过程。

首先，多元主题可以方便地参与政策评价。数据技术的发展让城市治理过程中公民、企业和社会组织参与的渠道和实质性参与增多，对公共政策评估的

影响也在增加。一方面，大数据平台可以让公共政策过程更加透明，让多元主
体更加便捷地了解公共政策过程，实施公共权力的监督，约束公共部门的自利
倾向，并通过网站、客户端等交互平台反馈到公共部门。另一方面，公民、企
业和社会组织无意识的行为，如公民的日常出行、购物、娱乐数据，企业和社
会组织的生产与服务客观数据都可能成为政策评估依托的"大数据"。在数据
时代每个主体都主动或被动参与进行治理过程中去，并用自己的方式对治理过
程发挥影响。

其次，数据技术提供了多个可量化的评估维度。信息技术的发展，为治理
绩效的量化这个古老而经典的问题提供了一些新的解决思路。如社交媒体舆情
分析，就是通过对用户在社交媒体上针对某项公共政策发表的评论进行语义分
析和识别，这些技术大大增强了对非结构化信息的处理能力，以创造出更多能
够从不同维度进行政策评价的指标。每一个个体通过社交平台、网购平台、线
下消费等多种方式将自己的思想和行为与数字世界连接，而这些连接背后的数
据能够反映出公共政策与公民之间的互动关系。

第三，过程连续有利于开展全过程评估。在决策阶段，可以通过模型推演
来对备选方案的经济性和可行性进行初步评估，甚至可以通过实时沟通和反馈
对方案执行阶段的接受程度以及阻力大小进行预判。在行动阶段，可以通过传
感网络实时跟进资源调度和治理进展，检验治理过程是否与政策目标偏离，以
及监测是否有新的风险出现，并根据评估结果实时调整，由被动应急型向主动
防范型转变，大数据技术能够为决策过程建立前后统一的决策标准、公开透明
的决策过程和决策结果。记录实时连续决策的轨迹，为实时连续决策模型确立
即时反馈路径，从而为政策变迁不可测因素提供解释的可能。

6.6　城乡治理模式多元化格局

当前，城乡治理多元化格局正在加速形成，各种形式的新治理模式不断涌
现，这些新模式的产生将极大促进我国新型城镇化的发展（图6-16）。

以基于智慧社区单元构建精细化、智慧化城乡治理体系为例，其基本方法
如下。

智慧社区是指充分利用物联网、云计算、移动互联网等新一代信息技术
的集成应用，为社区居民提供一个安全、舒适、便利的现代化、智慧化生活
环境，从而形成基于信息化、智能化社会管理与服务的一种新的管理形态的
社区。

图 6-16 多元化城乡智慧治理模式格局

　　智慧社区以"服务人文化、管理精细化、手段信息化、工作规范化"为建设思路，以统筹各类社会服务资源为切入点，以满足社区居民、企事业单位、社会组织的需求为落脚点，以信息技术手段为支撑，是一个集社会服务、社区建设、社会动员、社会组织、社会领域等功能于一体的智能化综合社会信息服务管理平台。依托这一社会服务管理平台，可以创新服务模式，为社区居民和单位、社会组织提供一个生活服务更便捷、生活环境更优美、生活状态更和谐的智能、人文、宜居的现代新型社区。智慧产业下的智慧社区涵盖了多个方面，主要有：智慧医疗，基于智能医疗传感设备构建全面感知、互联互通的医疗系统，使个人的健康信息、诊疗信息可以在社区、医院等机构之间充分共享，将创新个人的健康档案管理、病情监测、过程管理、医院之间异地的实时协同诊疗等医疗服务模式，让人们随时掌握自己的健康情况并充分享受各种医疗机构提供的高品质服务。

　　智慧社区一方面创新管理手段，促进街道工作的规范化、精细化、科学化；同时创新服务模式，为辖区居民和单位、社会组织提供人文化、多元化、社会化的公共服务，使其感受到智能生活的新体验，享受到一种"全响应"智慧状态，真正实现"寓管理于服务之中，在服务中体现管理"。智慧社区作为智慧城市的一部分，在智慧城市建设的推动下，也呈现如火如荼的发展局面。智慧社区充分借助电了信息技术，涉及智能楼宇、智能家居、安防监控、智能社区医院、社区管理服务、电子商业等诸多领域，在新科技创新和信息产业技术的发展下，充分发挥信息通信（ICT）、产业发达、RFID相关技术领先、电信业务及信息化基础设施优良等优势，通过建设ICT基础设施、认证、安全等平台和示范工程，加快产业关键技术攻关，构建社区发展的智慧环境，形成基于海量信息和智能过滤处理的新的生活、产业发展、社会管理等模式，面向未来构建全新的社区形态。

智慧社区包括基础环境、基础数据库群、云交换平台、应用及其服务体系、保障体系五个方面。

（1）基础环境：主要包括全部硬件环境，如家庭安装的感应器，老人测量身体状况的仪器，通信的网络硬件，如宽带，光纤，还有用于视频监控的摄像头，定位的定位器等。

（2）基础数据库群：包括业务数据库、传感信息数据库、日志数据库、交换数据库等四大数据库。

（3）云交换平台：主要实现各种异构网络的数据交换和计算。提供软件接口平台，或提供计算服务，或者作为服务器。

（4）应用及其服务体系：包括个人信息管理系统、日志管理系统、应急呼叫系统、视频监控系统、广播系统、智能感应系统、门禁系统、远程服务系统等，由这些系统完成为社区各类人群的直接服务。

（5）保障体系：保障体系包括安全保障体系、标准规范体系和管理保障体系三个方面，从技术安全，运行安全和管理安全三方面构建安全防范体系，确实保护基础平台及各个应用系统的可用性、机密性、完整性、抗抵赖性、可审计性和可控性。

6.7 城市复杂巨系统的挑战、对策及潜在创新点

从系统工程视角来看，新基建驱动的新型智慧城市是数量庞大的小系统相互链接而成的复杂巨系统。目前，对于复杂巨系统这类非线性系统，并无统一的建模方法。本书建议将城市复杂巨系统按照业务种类及其聚合程度拆分成元系统，再由系统工程方法连接组合成完整的大系统（图6-17）。

城市复杂巨系统类脑计算的实现方法如图6-18所示。

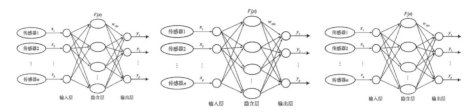

图 6-17 城市复杂巨系统的元系统拆分

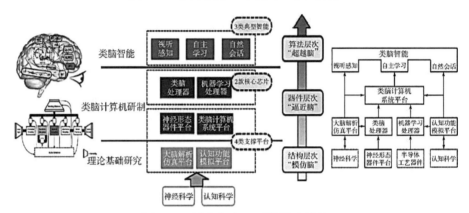

图 6-18 城市复杂巨系统类脑计算

随着城市物联网、5G 网络、空天网络的飞速发展，城市大数据将呈现出更加复杂、多元、海量的特点，未来的挑战主要存在于以下几点。

（1）多模态大数据分析与处理问题。图像、语音、文本等不同类型的异源、异构、异质大数据的协同化、一致化转换与处理是富有挑战性的工作。DMTK 可以利用多个机器一同完成处理，每个机器处理一部分数据。通过这种数据并行的方式，利用多个机器同时处理大规模的数据，大大加速了学习过程。一种可行的方案是分别处理相对小的数据分块，但是有时候模型参数非常多，以至于基于全部参数在内存中更新的算法变得不可行。数据湖为多模态海量大数据的智能处理提供了可行方案。

（2）复杂系统智能模型构建问题。复杂系统里面包含着大量单元模型，这些单元模型构成了复杂系统模型。在这个大规模模型中，学习参数在单个机器中可能存储空间不够，这就需要考虑多机器分布式存储模型及分段学习方法。

（3）大数据大规模传输问题。随着数据量的增大、模型复杂性的增强，数据和指令的传输问题也将成为难点。实际工程已经面临着大规模数据传输场景下实时性不高、丢包、时延较大等问题。5G 商用化进程的加速有望解决部分问题，但大规模传输始终是人工智能系统中面临的难点。一种解决之道：大数据并行分块处理，复杂模型分段学习、分布式存储，提供 API 开放接口等用户开发方法。智慧城市应对大规模分布式计算可选择的机器学习框架策略有：微软公司机器学习工具包，即计算网络工具包（Computational Network Toolkit，CNTK）和分布式机器学习工具包（DMTK）；谷歌开源人工智能系统TensorFlow；IBM开源机器学习平台SystemML。

未来潜在的创新点：

（1）以数字孪生为理论和技术支撑构建超大城市及城市群现代治理体系，构建数字孪生城市理论体系，丰富中国现代城市治理理论体系；

（2）研发城市多数字技术融合引擎（CityDTEngine），并基于CityDTEngine和数字孪生城市构建城市信息模型（CIM）；

（3）面向城市超大规模物联感知场景需求，提出并研究多物联点感知、多触点控制、多业务领域协作、多城市系统协同的泛在并行协同计算理论、方法与技术；

（4）提出并研究超大规模城市数据治理方法与技术，提出分布式实时大数据智能处理新算法，从采集层到管控层构建贯穿城市群全领域的数据标准；

（5）提出并研究超大规模城市网络融合方法与技术，构建"一张网"下的高效便捷业务处理体系，制定感知层、边缘计算层等关键技术装置的先进网络通信标准。

7 城市智慧治理案例研究

7.1 德国柏林智慧城市

德国的智慧城市建设项目一般多集中在节能、环保、交通等领域，但就具体项目来说，不同的城市会依城市特性发展其智能化应用。而为推动建设智慧城市，德国城市一般会选择PPP（Public-Private-Partnership）模式，即政府与企业合作的模式，并将城市作为试验平台，申请国内政府、欧盟或企业补助。1989年柏林围墙倒塌，1990年两德统一后，多数基础设施从国有变私有，许多有关基础设施的技术创新公司纷纷崛起。柏林前市长Klaus Wowereit自2001年当选后，一直致力于打造柏林的创业氛围，提高对创新产业的重视，如医疗、交通、物流、IT产业、多媒体、能源及光学等。在以创造出完整的产业供应链的前提下，在许多方面已经有了显著的政策成效，几年下来，尤其在英国脱欧后，柏林已经逐渐成为德国，甚至是全欧洲的创业中心。

柏林作为"创业之都"在欧洲独具优势。首先，房租和物业成本低。冷战期间大批企业撤离柏林，使这座城市的房地产价格和生活成本长期处在低水平。即便国际金融危机后德国房价持续上涨，从欧洲总体看，这里的生活成本依旧有吸引力。其次，国际化程度高，柏林前市长Klaus Wowereit提出"柏林穷，但性感"的口号，强调把文化创意产业作为柏林发展的推手，大力吸引年轻人到柏林工作和生活。现在，柏林从事文化艺术相关的人口已接近城市人口的十分之一，6700多家设计公司落户柏林，每天有1500多场文化活动在此举行。文化创意产业和创新创业相互促进。一些跨国公司纷纷开设或扩大在柏林的分公司。去年，网络设备制造商CISCO宣布，在未来三年向柏林投资5亿美元，参与智慧城市战略研发。GOOGLE、微软、IBM、德国电信等都在柏林成立了创新育成中心。

2015年柏林参议院制定智慧城市柏林战略，期望能扩大柏林勃兰登堡大都会区域的国际竞争力。目前在研究能源技术、运输交通与后勤技术、信息与通信技术等均有不错的成果，期望在2050年提高柏林的资源效率和气候中立地位，创造创新应用的示范场区。在交通运输与后勤技术方面，柏林市政府鼓励民间公司与研究机构紧密合作为环保、高效、安全的商业交通提供新技术。通过驾驶、装载、存储和物联网等 200 多项研发项目，目前柏林已有超过 3500 辆电动汽车在街头参与工作，使得柏林成为电动汽车创新研发的重要据点，期望未来成为电动汽车的国际展区。

柏林的智慧城市建设主要由柏林市政府为促进经济社会发展而成立的专门机构柏林伙伴公司负责，其智慧城市主要致力于节能环保领域的建设。

1. 城市建设管理应用

柏林提出"2020 年电动汽车行动计划"，其中一个重要的项目是奔驰 smart 的 car2go 项目。在该项目中，注册用户可以在大约 250 平方公里的区域内租用配备有智能熄火 / 启动系统、空调和导航系统的车辆。用户可以通过 car2go 应用查询附近可用的 car2go 车辆等信息，很大程度上普及了电动汽车的广泛应用，并起到节能环保的效果。目前的智能交通项目基本涵盖了私家车到电动汽车共享、企业车队，再到卡车货运、电动自行车的广泛目标。

2. 绿色城市建设

柏林"被动式节能住宅"建设处于世界领先水平。被动式节能住宅的能源主要源于可再生清洁能源，通过屋顶太阳能装置实现屋内供电，屋内自动通风系统通过从废气中提取热量实现为屋内空气加热的效果。被动式节能住宅是基于低能耗建筑发展起来的，对减少城市建设中二氧化碳排放量，改善生态环境有至关重要的节能作用。

柏林在绿色城市建设方面主要采取 PPP 模式，即政府和企业合作的模式。合作有两种情况：一种是政府首先会在智慧城市建设中的某个领域提出顶层设计，并通过财政补贴的方式引导企业进行相关研究，从中选出合适的合作者。另一种是借助德国电信、西门子、宝马等大型企业以一个或几个城市作为试点推销本公司的某种产品或服务的机遇，促进当地政府与企业的合作。例如，柏林与大瀑布电力公司、宝马以及其他公司的合作中，测试汽车电网技术，有望通过电动汽车创造虚拟发电机组。

为了说明柏林智慧城市建设的特征，以下以南十字车站为例加以说明。南十字车站是一座位于柏林舍恩贝格区的长途、区域及高铁列车共享车站，是德国铁路所划分的 21 座一等车站之一。柏林市政府与柏林工业大学合作在南十字车站、车站广场、停车场及电动巴士停靠站等区域，设置分布式电网、太阳能设备、风力发电设备、电动车共享、城市（植生）树及自行车寄物柜等智能化应用相关设施设备。其中城市树每座每年二氧化碳固定量约为 240 吨，约为当地 275 颗行道树的固碳效果，并具有 WiFi 及 iBeacon 等物联网科技应用设备，及侦测温度、湿度及风速等物理环境信息的功能，可回传至城市信息平台供分析应用。

持续智慧创新园区 EUREF CAMPUS 面积约 5.5 万 m²，此园区以循环经济、气候变迁调适、生产数字化与电能运输为 4 大产业主题，吸引德国及国际知名企业和研究机构纷纷入驻，进驻厂商包含 CISCO、Alphabet、德国施耐德电气、DB Engineering Consulting 等世界重要绿能生产、智慧城市与循环经济厂商，以及中小型创新产业。EUREF CAMPUS 科技园区内建立了电动汽车、小型公交车、自行车以及自动充电停车场等电力交通系统，以信息通信技术 ICT 进行数据收集、交互和交通智能规划等方面的研究与试验，以研拟未来智慧城市的创新解决方案。

7.2 阿姆斯特丹智慧城市

阿姆斯特丹（Amsterdam）是世界上最早开始智慧城市建设的城市之一，同时是欧洲智慧城市建设的典范，被推举为改善城市生活经济条件和减少碳排放的典范。

欧洲智慧城市评估委员会 2017 评价意见指出，阿姆斯特丹智慧城市的计划（I Amsterdam），乃是城市能源可持续发展领域的典范，而且也是透过公、私部门的整合，以及阿姆斯特丹全体民众的参与，应用创新科技成就了一个可持续城市发展的典范。"I Amsterdam"主要理念是"透过协同合作的方式，弥平在策略规划与方案执行间的鸿沟"；其计划的目的则是"透过科技的应用寻求可持续发展的方案并改变行为模式，以达到具前瞻性地减缓剧烈气候变迁的目标"；计划主要实施途经是以节省能源的使用、降低二氧化碳的排放，以及增加可持续能源的应用为发展目标。

阿姆斯特丹智慧城市的三项推动原则：

（1）群策群力（Collective Effort）：降低二氧化碳的排放不能仅靠个别组织的力量，需要整合各组织透过群策群力的作为共同为之。因此，阿姆斯特丹智慧城市计划中，首先通过推广的方式，让各个单位与组织了解到降低二氧化碳排放的价值与重要性，而后通过群体力量的结合，共同推动降低二氧化碳排放的措施与计划。

（2）经济支撑力的建立（Economic Viability）：任何计划若没有经济上的支撑力，则其效应无法扩大也无法持续。因此，阿姆斯特丹智慧城市计划中，透过价值的换算，将降低二氧化碳排放的效益转换成经济利益，并实质地回馈给参与相关计划或引用相关技术的单位与组织。以实质的经济利益鼓励扩大参与层面，以增加计划效益。

（3）以需求引导技术的推动（Tech Push/Demand Pull）：在阿姆斯特丹智慧城市计划中，非常重要的施行策略是希望能通过改变民众的行为模式，促成节能减排整体目标的持续发展。通过不同的刺激改变民众行为模式的同时，也引导民众提出更多对可持续性技术的需求。而针对这些需求再以创新性技术的发展与应用，推动更具可持续性发展行为模式的改变。

阿姆斯特丹智慧城市顶层设计的要点：

（1）智慧电网技术的应用（Smart grid technology：enabler）是面向发展的基础，是使能器；

（2）营造创新性伙伴关系（Innovative Partnerships）；

（3）改变民众行为模式（BehavioralChange）；

（4）成就：可持续生活，可持续工作，可持续机动性（通行）和可持续的公共空间发展的成效。

阿姆斯特丹智慧城市计划包括：

（1）通过群众智慧（Crowdsourcing）、共同创造（Co-Creation）及开放式创意（Open Innovation）的机制，引导阿姆斯特丹民众共同参与公众事务的讨论；主要目的在唤起民众的意识，以建立民众节能减排行为模式，创造环境持续发展的契机。

（2）透过小区民众共同合资经营的模式（group-financing cooperative），引导小区协同合作建立风力发电系统。

（3）家庭安装智能型电表，以降低能源的损耗，透过额外的实质回馈以及民众参与的方式，唤起民众能源节约使用的意识，以减少二氧化碳的排放，实践绿色生活。

（4）家庭安装新型能源管理系统。

（5）透过 Apollon 生活实验室的设置，与欧洲国家共同执行四项与通信技术结合的节能减排相关的实验：电子健康（eHealth）、能源效能（Energy Efficient）、数字化制造（eManufactiring）、数字化参与（e-participation）等，并透过此计划提供中小企业与大型实验室共同合作的机会。

7.3　葡萄牙国家远程医疗

葡萄牙部长理事会于 2016 年 10 月通过第 67/2016 号决议，在葡萄牙卫生部共享服务局内设立葡萄牙国家远程医疗中心。它的任务是"促进远程医疗和使用信息通信技术，以此作为医疗改革进程的一个组成部分，以实现更高水平的互联、整合和医疗质量的改进……"。

正是在这一背景下，葡萄牙国家远程医疗中心提出了《葡萄牙国家远程医疗战略规划（2019—2022）》。作为这一领域的第一个国家级战略规划，不仅澄清了一些概念，而且还描述了葡萄牙远程医疗的现状，介绍了这一领域的主要国际趋势以及创新途径和机会，并就今后的发展路径达成共识。因此，在与50多个利益相关方的协商讨论之后，形成了葡萄牙远程医疗发展的六项战略路线和12项相关措施，参与协商讨论的50多个利益相关方包括卫生部的有关机构、专业协会、医疗机构、高管、患者协会、远程医疗专家、院校和科研机构等。

电子健康（eHealth），特别是远程医疗，在国际上已被广泛认为是应对健康促进和医疗保健中重大挑战的机会和工具。远程医疗除了能够消除地理障碍和确保持续监测外，还有助于信息共享和实现更好的医疗协同。与其他国家的情况一样，在葡萄牙出现了多项举措，在远程医疗概念的基础上实现医疗保健的新模式。

7.4 海尔智慧生活服务生态平台

山水庭院位于崂山区海龙路，是青岛建成年代较早的一线海景墅区。随着时代发展，山水庭院的社区管理服务与基础功能设施，已无法满足业主日益增加的生活需求。海尔基于山水庭院打造了海尚海服务"智慧生活服务生态平台"（图7-1）。

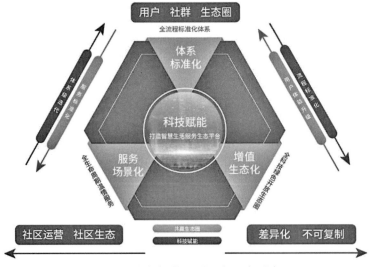

图 7-1 海尔智慧生活服务生态平台

山水庭院希望借助海尚海服务"智慧生活服务生态平台"，通过其全场景物业管理运营，将社区迭代更新，以高品质的尊崇服务，为业主打造美好的智慧社区生活。

海尚海服务团队从出行管理、工程维修、景观管理等方面进行改善，依托六大板块、八大体系的全流程标准化，实现山水庭院高品质基础服务（图 7-2、图 7-3）。

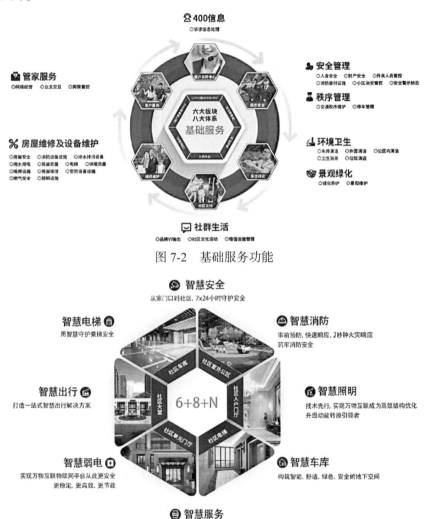

图 7-2 基础服务功能

图 7-3 智慧化服务功能

出行管理方面，海尚海服务重新规划园区道路，保障行人、行车安全，保证消防、医疗等应急车辆快速通达，构建平安社区。

景观管理方面，从入门处开始，打造错落有致的园区景观，加强对绿化、景观小品的养护、维护，创造洁净舒适的社区园林环境。工程维修方面，除了对公共设施，如大门、路面、路灯、雨污水井等，进行全面清理养护外，也结合海尚海服务"社区焕颜行动"，每年进行设备维修、道路翻新和绿化升级等32项内容，打造"冻龄"社区。同时增设和完善小区公共设施，如垃圾分类场所、物业管理用房、充电桩、微型消防站等，全面呵护业主的美好生活，实现服务场景体验的迭代升级。

7.5　阿里巴巴数字化乡村治理

2020年6月，农业农村部农村合作经济指导司与阿里巴巴集团签署战略合作协议，共同推进数字化在提高乡村治理水平、壮大农民合作社队伍、提升农业社会化服务能力方面的应用与发展，助力乡村振兴战略深入实施。根据战略合作协议，双方将围绕电子商务平台对接、普惠金融服务创新和数字化乡村治理等领域开展合作，重点推进数字农业、乡村治理平台和县域金融服务等项目建设，共同推进乡村治理、农民合作社和农业社会化服务组织的数字化应用实践。

在电子商务平台对接方面，阿里巴巴为农民合作社入驻"蜂耘农商"电子商务平台提供优惠，并择优对接优质采购商，拓展销售渠道，降低营销成本。同时帮助农民合作社改进种植、生产标准，实现生产与销售良性联动。在金融服务方面，蚂蚁金服集团网商银行面向各级农民合作社和社会化服务组织提供县域金融服务产品，开展"零抵押、免担保"的信贷服务。在数字化乡村治理方面，针对乡村组织特点和治理需求，利用钉钉平台产品及服务，以社会管理、公共服务、应急处置、乡风文明等内容为重点，为乡镇、村两级免费搭建数字化治理平台，逐步推进乡村治理数字化进程。

7.6　雄安新区区块链智能评审系统

区块链智能评审系统由雄安新区智能城市创新联合会区块链实验室开发设计，利用区块链技术公开、透明、不可篡改的特点保障评审结果的真实性和公平性。评审专家通过系统提交项目评分，评分结果实时上传到区块链，并通过智能合约自动完成项目平均分数的计算与排名结果的实时展示，不但免去了人工核对、计算、记录、审核等繁杂的流程，而且解决了传统评审模式可能出现恶意篡改数据的风险。

区块链智能评审系统运用了身份匿名与签名混淆技术，使得非授权用户无法关联评分结果与专家身份，满足了过程可追溯、结果可验证的效果。区块链智能评审系统操作便捷、交互友好、视觉美观，同时具备强扩展性与高可用性，可广泛应用于各类评审、投票场景中。该区块链系统目前正在进行基于数字身份的行业专家链上数据库的建立，后续将引入 VRF、Commit Reveal 等算法，每次评审将从对应行业专家库中随机选取，进一步保障结果的公平与公正。

7.7 北京城市副中心地下管线数字孪生系统

地下管线又被称为城市"生命线"。截至 2019 年底，通州区市政道路地下管线总长度达 9175km，涵盖供水、排水、燃气、热力、电力、广播电视、通信、工业管线等 8 大类 14 小类市政管线。通州区是全市唯一实现全境地下管线普查的区，目前已实现全区地下管线"一张图"。垃圾箱、信号灯等约 10 万个地上城市部件，能在虚拟孪生世界中虚拟复原。城市副中心正在打造"数字孪生城市"，计划 2020 年年底前正式完成并投入使用，用地下地上三维立体图为城市精细化管理提供技术支持（图 7-4）。

图 7-4　北京城市副中心地下管线数字孪生系统

地下管线布局图全部实现了三维立体化用 AR 增强现实方式显示。用手机 APP 扫描井盖旁的二维码，井盖和地下管线信息立刻显示在屏幕上，管线类型、点位、坐标、地面高程等信息一目了然。接到井盖周边存在安全隐患预警后，可以通过地上三维系统确定井盖位置。工作人员到现场，通过手机扫描井盖周边的二维码就可确定井盖权属并通知抢修，同时通过手机使用 AR 增强现实技术查看周边地下管线的排布情况，为抢修工作提供技术支持。除了三维立体"地下城"，副中心地上部分的城市部件也正在进行三维立体化建模。通州区约有共 50 万个城市部件，包括垃圾箱、路灯、信号灯、交通标识牌、护栏等。其中，副中心范围内包括 24 万个城市部件。

8 信息基础设施促进城市发展范式探索

8.1 "范式"一般定义与构建思路

"范式"最初是由美国著名科学哲学家托马斯·库恩（Thomas S.Kuhn）在《科学革命的结构》中提出的一个词汇。库恩认为范式是指"特定的科学共同体从事某一类科学活动所必须遵循的公认的'模式'，它包括共有的世界观、基本理论、范例、方法、手段、标准等与科学研究有关的所有东西。"

范式的特点：（1）范式在一定程度内具有公认性；（2）范式是一个由基本定律、理论、应用以及相关的仪器设备等构成的一个整体，它的存在给科学家提供了一个研究纲领；（3）范式还为科学研究提供了可模仿的成功先例。在库恩的范式论里，范式归根到底是一种理论体系，范式的突破导致科学革命，从而使科学获得一个全新的面貌。

范式的构建往往基于某种方法论或参考框架模型。

在工业领域，从某种意义上讲，工业互联网提供了一种工业发展范式。IIRA v1.8 中涉及的 IIoT 核心概念和技术适用于制造、采矿、运输、能源、农业、医疗保健、公共基础设施和几乎所有其他行业中的每个小型、中型和大型企业的深度和广度。根据 IIRA 的观点，工业互联网的参考框架如图 8-1、图 8-2 所示。

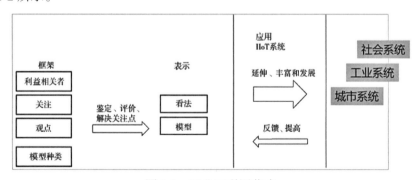

图 8-1 工业互联网范式

在 IT 领域，面向对象方法论也可以称为一种侧重于技术的范式。面向对象从 20 世纪 90 年代起有 OOA（面向对象分析）、OOD（面向对象设计）、OOP

（面向对象编程）方法；有以 UML 为核心的可视化建模语言；最近流行的
DDD（领域驱动设计）是在 OOA/OOD/OOP 基础上的提升。

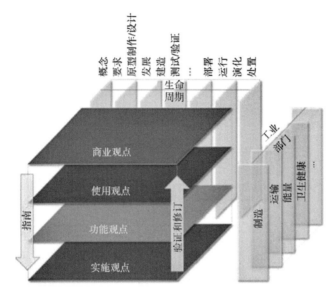

图 8-2 工业互联网的系统全生命周期范式

知识建模是 DDD 方法论的一个具体实现。知识建模可以分为知识边界划
分、概念建模、关系建模三个部分。对每一个行业领域，子领域可能是完全不
同的，没有规律可言，按照经验可以将行业知识的子领域分为拓扑结构、数据
准备、事件、处置四个大的类型。参考面向对象的方法论，可以把构建知识图
谱分为知识建模、知识抽取、知识验证三个过程。

8.2　数字孪生城市建设发展四范式

在城市领域，可基于知识建模构建一种基于知识工程的数字孪生城市模式
（图 8-3）。

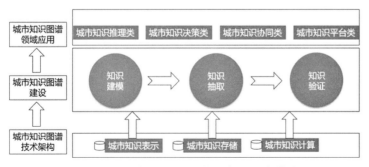

图 8-3　基于知识工程的数字孪生城市模式

领域知识是整个数字孪生城市系统的核心。数字孪生城市发展范式构建可以知识工程为核心驱动，向下拓展理论和技术，向上拓展管理和应用，形成包容和融通理论、技术、管理、应用四个方面的实用性较强的发展范式。

数字孪生城市的建设发展宜遵循"理论-技术-管理-应用"四位一体范式（简称"DTCity 四范式"）（图 8-4）。数字孪生城市应以数字孪生基础理论与关键技术为基础，兼顾管理和技术两个层面，在应用场景中不断试验、验证并完善其理论与技术体系。新基建时代的数字孪生城市具有智能、绿色、韧性三大主要特征，应将这三大主要特征贯穿于"DTCity 四范式"始终，实现综合评价最优。

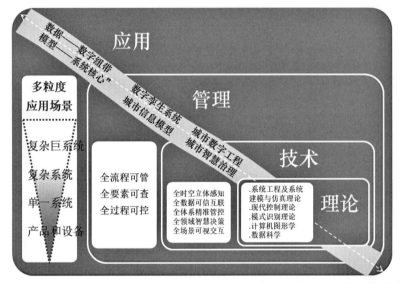

图 8-4 数字孪生城市的建设发展"理论-技术-管理-应用"四位一体范式

基础理论方面，以多尺度数字孪生理论为指导，规划设计多粒度数字孪生城市系统架构，开发多层级（多粒度）数字孪生城市模型。从系统工程视角分析，多粒度数字孪生城市系统可分为设备级、系统级、SoS（系统的系统，复杂系统）级及复杂巨系统级四个系统层级，且自顶向下具有包含关系，可根据物理城市的体量和边界适度收放系统粒度。各层级内部及层级之间又通过数据实现关联、迭代及优化，最终使系统处于最优平衡状态。多粒度数字孪生城市是一个由细到粗逐步推进的系统模型，总体呈现"V"型架构。上一粒度级数字孪生模型可看作是多个下一粒度级数字孪生模型的集成。多个单元级数字孪生或多个系统级数字孪生构成 SoS 级数字孪生，多个 SoS 级数字孪生构成复杂巨系统级数字孪生。由于城市要素的多元化、多颗粒度现实，城市复杂系统工程具有多粒度特点，因此需要构建多粒度数字孪生城市才能刻画出真实的智慧城市。

关键技术方面，建造城市物理孪生体工程，研发城市数字孪生体软硬件。以软件工程理论和工业软件理论为指导，研发以数据流和业务流为关联线索的工业级数字孪生城市系统软件（CIM软件），重点解决底层通信协议自主可控、数据安全、业务知识模型化等关键问题。数字孪生城市系统软件不仅是物理城市向数字城市的映射，也是数字城市系统与物理城市系统的融合体，是二者的交互平台。其技术模式的核心是数据线程和模型体系，且带有反馈回路，能够真正实现数据全生命周期跟踪和工程全生命周期管理，从而实现信息世界与物理世界的双向协同，实现物理空间向信息空间（赛博空间）的数字化、模型化反馈。数字孪生城市系统软件实现从城市基础设备设施到城市治理平台的纵向集成，也可泛在连接至更底层的工厂级制造系统，因此是一种深度集成系统。它具有"五全"特征：全时空立体感知、全数据可信互联、全体系精准管控、全领域智慧决策、全场景可视交互，可分别开发完成以上特征对应的软件技术模块，并研制配套标准，在标准化框架下实现综合集成。数字孪生将变革传统产品和系统研制模式，实现产品研发的系统全生命周期管理，实现"制造前运行"，颠覆传统"设计—制造—试验"模式，在数字空间中高效完成大部分分析试验，实现向"设计—虚拟综合—数字制造—物理制造"的新模式转变。

管理方面，数字孪生城市系统辅助城市管理者建立城市全周期管理模型、过程及体系，帮助其创建数字孪生管理新模式。城市全周期管理过程包括建立、评估及改进过程。从具体管理领域来说，可包括城市产品管理、城市服务管理、城市设施管理、城市业务管理、城市执法管理、城市人员管理、城市环境管理7个主要方面。使用"数据"这一"数字纽带"可跨接多个管理领域实现无缝集成，从而使管理信息和指令能够更加高效透明地流转，同时也可实现管理过程的痕迹追溯。数字孪生管理模式真正实现了全流程可管、全要素可查、全过程可控的"三可"管理模式，与传统以人管人、以文档为中心的模式比，更加倾向于技术驱动方式，即：以数字孪生技术为新动能，驱动管理体系变革。

应用方面，基于数字孪生城市理论和技术，可孵化出多粒度、多领域、多元化应用场景。根据数字孪生粒度尺度，可以归类出不同层级的应用场景。在设备级，有设备故障诊断、设施预测性维护、设备节能控制、热耗散模拟等；在系统级，有智慧家庭、智慧医疗、智慧养老、智慧社区、智慧供热等；在复杂系统级，有城市能源互联网、智慧市政工程、智慧城管、网格化城市管理等。数字孪生模型和系统应用于城市管理和治理的各领域可融合衍生出大量领域新业态，领域新业态的规模化集成与共享历经一定历史阶段的发展后，又可生成更大范围的新业态，从而对国家经济社会发展起到直接促进作用。

8.3 新基建发展范式

信息基础设施促进经济社会发展范式的构建可采用与数字孪生城市建设发展范式类似的思路。在信息基础设施促进经济社会发展方法方面，笔者认为应解决发展范式、系统模型、管理体系、应用体系四个核心问题（图 8-5）。

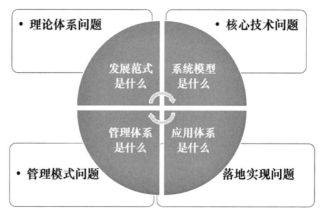

图 8-5　信息基础设施促进经济社会发展方法论

在发展范式构建时应参考国际相关领域前沿战略。美国总统特朗普 2020 年 3 月 23 日签署《保护 5G 安全及其他法案》，同日签署《美国保护 5G 安全国家战略》。《保护 5G 安全国家战略》明确表达如下愿景：美国要与最紧密的合作伙伴和盟友共同领导全球各地的安全可靠的 5G 通信基础设施的开发、部署和管理。内容包括：促进在国内推出 5G；评估风险并确定 5G 基础设施的核心安全原则；管理使用 5G 基础设施对美国经济和国家安全带来的风险；促进负责任的全球 5G 基础设施开发和部署。美国国防部信息化经历了机械、电气、信息技术、数字化四个阶段。目前正处于数字化阶段。2018 年 7 月 5 日，美国国防部正式对外发布"国防部数字工程战略"，旨在推进数字工程转型，将国防部以往线性、以文档为中心的采办流程转变为动态、以数字模型为中心的数字工程生态系统，完成以模型和数据为核心谋事做事的范式转移（图 8-6）。

跟踪国际通信、数据、人工智能科学与工程的最新战略动向与实践进展，结合我国经济社会发展现状及智慧城市行业领域特点，提出符合中国现阶段政治、经济、社会、产业发展现状与实际需求的新基建驱动经济社会发展范式：

一张发展蓝图，一个操作系统，N个优先行动领域（简称"1＋1＋N"范式）。其中，N大优先行动领域包括：智慧城市、智慧建筑、智慧能源、智慧交通、智慧医疗、智慧农业、工业互联网、智慧企业等（图8-7）。

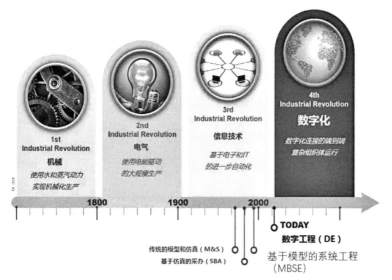

图8-6　美国国防部数字工程战略

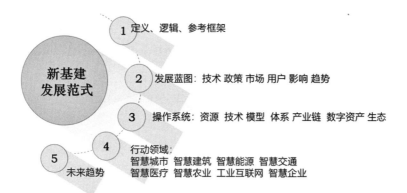

图8-7　中国新基建发展范式

8.4　城市标准化智慧治理范式

在城市智慧治理方面，应加强标准化思维，以标准化模式推进新基建时代的城市治理。一方面，从城市现代经济发展宏观角度，构建"需求牵引，场景驱动"的标准供给侧政策体系与建设方案，实现标准供需精准匹配；另一方面，从标准化数字孪生城市建设微观角度，构建以标准化业务模块为内核的城市业务模型体系，建设以"城市信息模型—数字孪生城市系统—城市全周期智慧治理体系"为主线的三级城市治理标准体系。在此基础上逐步构建出标准化数字孪生城市体系和标准化城市治理体系，有效指导城市建设发展。

如何实现"需求牵引，场景驱动"？建议从城市发展过程中的实际需求出发，建立以生活、生产、建设为主线的多条需求信息并行采集及治理反馈线索/通道：（1）生活线索，以"居民—社区—城市—国家"为四级信息汇聚平台。（2）生产线索，以"企业—园区—城市—国家"为四级信息汇聚平台。（3）建设线索，以"规划—设计—施工—运维"为四级信息汇聚平台。在政策导向下实现各级需求与反馈的互联互通，建立立体透明的需求矩阵、场景矩阵，进而搭建政府引导、企业主营、公众参与的标准化、模块化城市业务模型共享工厂，实现多方协同建设维护、动态更新、迭代演进，实现复杂业务体系和系统的标准化。

以城市信息模型为数字新引擎，并作为通用信息基础设施提供给数字孪生城市系统。在数字孪生城市系统基础上构建城市全周期治理体系，实现"模型—系统—体系（系统的系统）"标准化生态，实现理论与应用共融共生新格局。广泛建立需求调研、梳理、传达及综合研判的协同工作网络，尊重大众的个体诉求，尊重产业发展需求，尊重城市治理需求，建立"需求—标准制定—实施—评估—改进与反馈"为流程的长效闭环工作机制，使标准化融入城市管理与治理的全流程，采用"标准在回路"的管理思维，切实做到以标准化促进城市治理的高效化、集约化、现代化。

优先支持 CIM 等重点领域的研究、投资及建设，以点带面形成快速发展格局。在城市信息模型（CIM）、数字孪生城市、城市大数据、城市区块链、城市混合增强智能、城市数据安全、城市网络安全等领域优先支持、优先发展，集中精力推进以数字基建为核心的城市标准制定，并以此指导现有城市的升级改造和创新发展。强调"大数据思维"，积极构建以数据和模型为核心的城市信息模型（CIM），打造通用型 CIM 平台和工具，以 CIM 为引擎快速推进城市治理体系建设，快速提升城市治理能力。结合新基建战略，在新的历史时期快速推进构建以"统一"为鲜明特征的"城市大数据治理体系"、"城市大数据资源体系"，快速建设以云、边、端为架构的泛在智能网络体系，开辟城市信息模型建模与建设的新方法、新途径。

增强城市标准化建设保障体系建设。在政策、人才、资金、土地、组织机构、创新基地等各方面对推进城市标准化建设给予充足保障，努力开创多保障分支协同的保障体系新局面，为城市标准化建设筑牢根基、消除羁绊，助力城市标准化更快更好发展。

新基建时代智能建筑与智慧城市标准研究发展建议如下。

1. 构建数字新基建 + 建筑产业融合标准体系，结合新基建发展与时俱进制定标准。

新型基础设施是以新发展理念为引领，以技术创新为驱动，以信息网络为基础，面向高质量发展需要，提供数字转型、智能升级、融合创新等服务的基础设施体系。根据国家发改委的定义，新型基础设施主要包括三方面内容：一是信息基础设施。主要是指基于新一代信息技术演化生成的基础设施，比如以5G、物联网、工业互联网、卫星互联网为代表的通信网络基础设施，以人工智能、云计算、区块链等为代表的新技术基础设施，以数据中心、智能计算中心为代表的算力基础设施等。二是融合基础设施。主要是指深度应用互联网、大数据、人工智能等技术，支撑传统基础设施转型升级，进而形成的融合基础设施，比如智慧交通基础设施、智慧能源基础设施等。三是创新基础设施。主要是指支撑科学研究、技术开发、产品研制的具有公益属性的基础设施，比如重大科技基础设施、科教基础设施、产业技术创新基础设施等。

新基建对智慧建筑和城市的发展有着根本性的促进作用，也将大大变革城市治理策略。城市治理最终是要追求一种治理有效的结果，整体性治理就是当前我国城市治理走向治理有效的一种可行策略，而技术和标准为这个策略的实施提供了工具。未来，建议智能建筑及城市标准在符合新基建基本内涵的前提下提出并制定，使标准更好地支撑新基建发展。

2. 构建建筑工业化标准体系，加强建筑产业专用人工智能类、自主可控通信协议类和数字孪生建筑与城市类标准制定。

当前，全球工业智能化已成为不可逆转的历史趋势，智能制造和工业4.0成为各国竞争的焦点。各国的科技竞争，很大程度上讲是制造业主导权的竞争。建筑工业化是建筑产业与工业智能化有机融合的产物，在学术上和产业上均属于交叉领域范畴。目前，我国的建筑工业化标准体系尚未建立，核心标准总体缺失。人工智能和数字孪生是新一代智能制造体系中最核心的部分，也是建筑工业化技术中最关键的支点。建议以标准支撑建筑工业化的系统性推进，分三步（三年为一个步骤周期）实现建筑工业化标准体系及标准的研制，用约10年时间逐步实现我国标准化建筑工业化技术体系的构建与实施，使我国的建筑工业化水平与世界领先水平处于同一层级。重点制定建筑产业专用人工智能类和专用数字孪生工业软件标准：

（1）建筑AI芯片标准。对建筑AI计算芯片CPU和GPU（GPU集训练和推理为一体）的体系架构、性能、参数、算法等进行统一描述和定义。制定面向智能建筑系统应用的指令集架构（Instruction Set Architecture），又称指令集或指令集体系，包含基本数据类型、指令集、寄存器、寻址模式、存储体系、中断、异常处理以及外部 I/O。指令集架构包含一系列的 opcode 即操作码（机器语言），以及由特定处理器执行的基本命令。指令集被整合在操作系统内核最底层的硬件抽象层中，属于计算机中硬件与软件的接口，向操作系统定义CPU 的基本功能。

（2）建筑自主可控通信协议。根据建筑环境通信的实际需求，研制多类型网络通信协议，对串行通信、现场总线、移动互联网、长中短距物联网、工业以太网（时间敏感网络）等协议加强自主可控研究，吸纳现行国际标准通信协议的经验和优势，开发我国自主知识产权的通信协议，并在工程中广泛验证，逐步构建自主可控协议生态体系，技术和应用达到一定成熟度后制定相关标准。

（3）建筑数字孪生工业软件和智能硬件标准。对 BIM 与智能建筑工业控制技术的融合方法、体系架构、系统模型、数据、接口、协议等核心技术进行规范化定义。充分借鉴和吸纳信息物理系统、系统工程、现代控制系统的理论和技术，同步跟进国际信息物理系统、数字孪生理论和技术的最新进展，开发能够融合复杂系统工程、可视化与虚拟现实、系统仿真、工业设计、无人工厂过程控制、网络协同等技术为一体的现代建筑数字孪生系统，并在实际工程中开展应用验证，技术和应用达到一定成熟度后制定相关标准。

3. 服务于智慧城市建设与治理，强化顶层设计类、城市信息模型类及城市治理类标准。

在智慧城市建设中，如何从全局视角出发，利用有限资源实现核心目标和价值，进行整体规划和设计，顶层设计标准将起到关键作用。智慧城市建设是一项系统工程，做好整体规划是前提条件。智慧建筑与智慧城市的顶层设计，应当以需求为导向，以战略全局为视角，进行整体构架的设计，作为城市发展规划的延续和进一步细化，应当遵循以下三个原则：

（1）普遍适用原则：顶层设计要兼顾东西部发展的差异性，弱化信息技术的主导地位，重视城市的管理和运营。

（2）权威性原则：顶层设计要有理有据，充分论证，对各方意见充分考虑和汇总，具备一定的权威性，充分考虑人民群众的诉求。

（3）多方融合原则：为了避免重复建设、重复投资等建设乱象的出现，各子系统应当在建设时，充分考虑系统之间的接口问题，数据之间的关联标准问题，新系统和老系统的延续性问题。

智慧城市顶层设计标准应当改变传统城市规划以政府既定目标为原则的编制方式，转变为解决城市问题为导向，以服务城市发展主题为根本的智慧化综合发展手段。构建多规融合的城市协同规划体系，制定步调一致、统筹协调的智慧城市建设思路和路径，通过公共信息平台建设实现信息整合和共享。与此相适应，标准要先行。

城市信息模型（CIM）是以城市的信息数据为基础，建立起三维城市空间模型和城市信息的有机综合体。城市信息模型目前尚无统一的明确定义，CIM 的内涵和外延目前仍处于探索期。本文认为，CIM 应依托数字孪生理论和技术建立，宜采用基于模型的复杂系统工程思维。据此，CIM 可以理解为以数字技术为治理引擎（简称数字引擎）的数字孪生城市之数字孪生体。其中，数字技术 = BIM + GIS + IOT + AI + 5G + Block Chain + Big Data + 卫星互联网 + ……。建立城市信息模型的目的是使城市信息得到更加科学、严谨、统一、明确的表达，为城市建设与治理提供数字引擎。城市信息模型试图从城市建模的角度为城市提供更加科学严谨的表达，以"信息"为主线贯穿城市空间，使物理分散的城市在信息空间中实现逻辑集成，因此能够更好地优化城市、管理城市、治理城市。数字孪生城市的城市数字孪生体可看作是城市信息模型的一种实现方式。城市数字孪生体从数据和模型的角度，依据复杂系统控制与决策理论为城市信息模型提供了科学性和落地性都极强的解决方案。基于数字孪生城市和城市信息模型，可构建出由模型到系统再到体系的微观与宏观一体化城市现代治理模式，真正实现基于模型的城市系统工程。随着城市信息模型、数字孪生城市理论和技术的不断完善与成熟，应适时制定相关标准。

4. 吸纳泛智能建筑产业生态成果，构建以智能建筑为核心的智慧城市标准体系。

通过对智能建筑、智能家居、智慧社区、智慧园区、智慧城市国内外标准的信息查阅、统计分析、汇总研判，总的结论是现有智能建筑、智能家居标准相对蓬勃发展的产业来讲，数量相对较少，已经严重滞后于行业发展的实际需求。通过跟踪国际标准化组织 IEC、ISO、CEN、CENELEC 的工作，以及查阅相关标准制定情况发现，我国在有技术深度的专业细分领域的国际标准和国家标准制定方面，与国际先进水平尚有较大差距。因此，按照产业链发展需求，结合前瞻性基础理论和技术的发展，设计好标准体系是关键，制定好核心标准是根本。

目前，全球以智能建筑为中心的泛智能建筑产业生态正处于高速发展与逐步完善的历史时期，各种新技术、新理念、新理论在泛建筑物理载体上得以广泛试验、验证及应用，因此从产业生态中不断涌现出大量技术和管理方面的成果，可将这些成果以标准的形式固化下来并加以推广。可构建以智能建筑、智能家居为核心，以智慧社区、智慧园区为一级标准环，以智慧城市为二级标准环，以泛智能建筑生态为三级标准环的"洋葱"结构泛智能建筑标准体系，如图 8-8 所示。

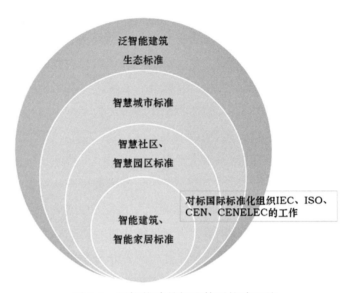

图 8-8　泛智能建筑标准体系构建思路

5. 加强标准示范项目建设，构建标准体系与标准应用体系的良性互动闭环。

智能建筑相关标准的研制和推广需要分阶段进行，并应针对不同的情况及时做出调整。根据一定阶段建设效果不断积累和总结成功经验和做法，推进标准示范项目落地实施，以点及面，以局部示范带动全局应用，以资源整合促进融合提升，逐步扩大应用范围领域，有计划有步骤地进行推广。由于智能建筑和智慧城市是一个涉及各领域跨机构跨部门的复杂系统工程，需要聚焦城市发展重点任务，遵循科学性、基础性、紧迫性、操作性、创新性、效益性等标准，选取战略意义影响大，示范带动性强，现实需求迫切，受益面广的重点工程和示范项目，集中优势资源在短期内取得显著成效，形成系统化、高效化的推进模式。可行的做法是选择一批重点项目作为智能建筑和智慧城市第一阶段优先建设项目，为后续建设打下坚实的基础。

6. 坚持总体技术先进与点上突破同步推进，增强智能建筑相关国际标准的参与度和话语权。

目前，我国参与国际智能建筑相关标准的广度和深度都亟待增强，中国主导的相关国际标准非常少，在一些关键技术标准方面缺少话语权。为争夺关键技术与产业领域的主导权，更好支撑国家基础设施建设，更好服务于国家经济发展，今后应主动参与国家标准化组织活动，积极跟进国际相关领域标准前沿，努力抢占国际标准的制高点。具体可在智能建筑和智慧城市的以下细分领域加强研究工作：总体架构设计，包括 IT 信息架构设计、业务架构设计、应用架构设计、数据融合设计、基础设施架构设计等，也包括智能建筑和智慧城市的运营管理体系设计、发展环境体系设计和标准体系设计等。

8.5 基于数字孪生的城市智慧治理评价

数字孪生将各城市全要素集成为一个城市数字孪生体模型（复杂系统模型），该模型又由大量系统模型纵横集成后形成。城市数字孪生体模型以数据为线索，将城市业务管理、城市产品、城市服务、城市产品供应商、城市服务提供商等城市全要素纳入模型平台，由模型平台统一实现价值链数据整合与模型构建。

从模型输入角度来看，需要权威数据源和精准数据；从模型输出角度来看，需要建立一套能够评价模型质量的评价指标体系。基于城市全周期治理思维，提出如下基于数字孪生的城市智慧治理评价指标体系，括号中的数字代表指标权重（图 8-9）。

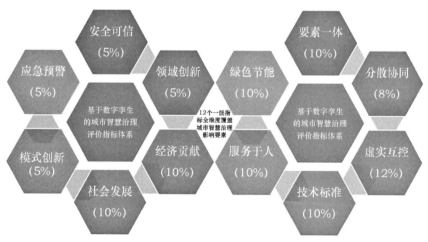

图 8-9 基于数字孪生的城市智慧治理评价指标体系

要素一体：主要考核评价城市智慧治理体系包含的所有要素（人、机、物、料、法、环、数等）是否从整体上进行全周期规划、设计、建设及运营。

分散协同：主要考核评价城市治理系统架构是否结合城市空间需求在物理

上实现了合理的分散感知与管控，及在此基础上的高效协同。

虚实互控：主要考核评价数字孪生城市是否基于智能控制系统原理从多粒度实现了信息空间与物理空间的虚实互控。

技术标准：主要考核评价城市智慧治理采用的已有技术是否符合相关标准，采用的新技术的标准化程度如何，以及技术标准与同类国际标准的接轨程度。

服务于人：主要考核评价城市智慧治理体系中"以人为本"的治理理念涉及程度，治理过程中能够提升人的舒适指数、健康指数、便捷指数、幸福指数的环节的落实程度。

绿色节能：主要考核评价绿色发展理念的落实程度，治理后城市各领域的节能程度。

领域创新：主要考核评价城市各业务领域的创新行为、创新能力、创新人才、创新成效等创新驱动能力。

安全可信：主要考核评价城市要素间互联时的安全性、可信性程度，以及采用的相关技术的原始创新程度与自主可控程度。

应急预警：主要考核评价数字孪生城市对城市事件的全局响应能力、实时处理能力、预测预警能力，集中体现为城市韧性化程度。

模式创新：主要考核评价数字孪生城市模型驱动的城市智慧治理在城市管理模式重构方面发挥的作用。

经济贡献：主要考核评价城市智慧治理在短周期内（例如以"年"为单位周期）对城市经济和国家经济的贡献力，以及在中长周期内（例如以"5～10年"为单位周期）对城市经济和国家经济增长的刺激力。

社会发展：主要考核评价城市智慧治理对社会文明化、和谐化、均衡化、繁荣化、智慧化发展的贡献。

附录 名词术语

1. 城市智慧治理（Smart City Governance）

城市智慧治理是指以信息基础设施为数字引擎，融合城市业务和场景，以数字孪生为主要治理手段的现代城市治理理论、方法及技术体系。

2. 数字生命体（Digital Life Form）

以数字技术为系统骨架、神经中枢、智慧元细胞的数字基础设施，具有生命体的一般特征，符合生命体的规律。

3. 城市数字生命体（City Digital Life）

对城市而言，城市数字生命体可等同于城市信息模型。

4. 城市数字孪生体／城市信息模型（City Digital Twin/City Information Model）

在城市空间内，以数据流纵横联通编织神经网络，以"人工智能＋"城市业务领域全时空优化形成大规模并行计算神经元触点群，打造出的高度智能、协同、自治的数字生命体。城市信息模型是物理城市的虚拟镜像，它以数字基础设施融合体作为引擎驱动城市域经济社会发展，是城市智慧治理体系的智慧支撑。

5. 数字孪生城市／城市信息模型操作系统（Operating System of Digital Twin City/City Information Model）

以数字生命体为操作、调度、管理、协作统一平台，服务于基础设施建设、产业发展、民生服务、政府管理等各领域的底层通用技术与管理系统，为城市智慧治理体系提供数字系统基座。

6. 城市智慧治理体系（City Smart Governance System）

是城市支撑国家治理体系和治理能力现代化水平提高的实现载体，是一套在数字政府管理与决策平台统一指导下的多方协同共治体系。

7. OPC 统一架构（Object Linking and Embedding OLE for Process Controls OPC Unified Architecture, OPU-UA）

用于过程控制的对象链接和嵌入技术（OPC），是自动化行业及其他行业用于数据安全交换时的互操作性标准。它独立于平台，并确保来自多个厂商的设备之间信息的无缝传输，OPC 基金会负责该标准的开发和维护。

8. 边缘计算（Edge Computing）

边缘计算是指在靠近物或数据源头的一侧，采用网络、计算、存储、应用核心能力为一体的开放平台，就近提供最近端服务。其应用程序在边缘侧发起，产生更快的网络服务响应，满足行业实时业务、应用智能、安全与隐私保护等。

9. 大数据服务（Big Data Service）

大数据服务是指通过底层可伸缩的大数据平台和上层各种大数据应用，支撑机构或个人对海量、异构、快速变化数据采集、传输、存储、处理（包括计算、分析、可视化等）、交换、销毁等覆盖数据生命周期相关活动的各种数据服务。

10. 工业 APP（Industrial Applications）

工业 APP 是基于工业互联网，承载工业知识和经验，满足特定需求的工业应用软件，是工业技术软件化的重要成果。

11. 工业大数据（Industrial Big Data）

工业大数据是工业数据的总和，即企业信息化数据、工业物联网数据以及外部跨界数据。其中，企业信息化和工业物联网中机器产生的海量时序数据是工业数据规模变大的主要来源。

12. 工业大数据平台（Industrial Big Data Platform）

工业大数据平台是采用分布式存储和计算技术，提供工业大数据的访问和处理，提供异构工业数据的一体化管理能力，支持工业大数据应用安全高效运行的软硬件集合。

13. 工业互联网（Industrial Internet）

工业互联网是满足工业智能化发展需求，具有低时延、高可靠、广覆盖特点的关键网络基础设施，是新一代信息通信技术与先进制造业深度融合所形成的新兴业态与应用模式。

14. 工业互联网标识解析体系（Identification and Resolution System of Industrial Internet）

工业互联网标识解析体系是工业互联网网络体系的重要组成部分，是支撑工业互联网互联互通的神经枢纽，其作用类似于互联网领域的域名解析系统DNS。工业互联网标识解析体系的核心包括标识编码和解析系统两部分。

15. 工业互联网平台（Industrial Internet Platform）

工业互联网平台是面向制造业数字化、网络化、智能化需求，构建基于海量数据采集、汇聚、分析的服务体系，支撑制造资源泛在连接、弹性供给、高效配置的工业云平台。

16. 工业软件（Industrial Software）

工业软件是用于或专用于工业领域，为提高工业研发设计、业务管理、生产调度和过程控制水平的相关软件和系统。

17. 故障预测（Fault Prediction）

故障预测是指基于在大数据存储与分析平台中的数据，通过设备使用数据、工况数据、主机及配件性能数据、配件更换数据等设备与服务数据，进行设备故障、服务、配件需求的预测，为主动服务提供技术支撑，延长设备使用寿命，降低故障率。

18. 区块链（Blockchain）

区块链一种由多方共同维护，使用密码学保证传输和访问安全，能够实现数据一致存储、难以篡改、防止抵赖的技术体系。

19. 柔性制造（Flexible Manufacturing）

柔性制造可以表述为两个方面，一个方面是指生产能力的柔性反应能力，也就是机器设备的小批量生产能力；第二个方面，指的是供应链的敏捷和精准的反应能力。这种以消费者为导向的，以需定产的方式对应的是传统大规模量产的生产模式。

20. 软件即服务（Software as a Service, SaaS）

软件即服务 SaaS 是一种通过 Internet 提供软件的模式，厂商将应用软件统一部署在自己的服务器上，客户可以根据自己实际需求，通过互联网向厂商定购所需的应用软件服务，按定购的服务多少和时间长短向厂商支付费用，并通过互联网获得厂商提供的服务。

21. 数据服务（Data Service）

数据服务指提供数据采集、数据传输、数据存储、数据处理（包括计算、分析、可视化等）、数据交换、数据销毁等数据各种生存形态演变的一种信息技术驱动的服务。

22. 数据血缘关系（Data Lineage）

数据血缘关系是指数据在产生、处理、流转到消亡过程中，数据之间形成的一种类似于人类社会血缘关系的关系。

23. 数据处理（Data Preprocessing）

数据处理指对原始数据的过滤、清洗、聚合、质量优化（剔除坏数据等）和语义解析。

24. 数字孪生（Digital Twins）

数字孪生是指以数字化方式拷贝一个物理对象，模拟对象在现实环境中的行为，对产品、制造过程乃至整个工厂进行虚拟仿真，从而提高制造企业产品研发、制造的生产效率。

25. 物联网（Internet of Things, IoT）

物联网是通信网和互联网的拓展应用和网络延伸，它利用感知技术与智能装备对物理世界进行感知识别，通过网络传输互联，进行计算、处理和知识挖掘，实现人与物、物与物信息交互和无缝链接，达到对物理世界实时控制、精确管理和科学决策的目的。

26. 信息物理系统（Cyber-Physical Systems, CPS）

信息物理系统是一个综合计算、网络和物理环境的多维复杂系统，通过3C（Computer、Communication、Control）技术的有机融合与深度协作，实现大型工程系统的实时感知、动态控制和信息服务。CPS 实现计算、通信与物理系统的一体化设计，可使系统更加可靠、高效、实时协同，具有重要而广泛的应用前景。

27. 知识图谱（Knowledge Graph）

知识图谱是描述真实世界中存在的各种实体、概念及其关系构成的语义网络，现在泛指各种大规模知识库。

28. 智能工厂（Intelligent Factory）

智能工厂是在数字化工厂的基础上，利用物联网、大数据、人工智能等新一代信息技术加强信息管理以及合理计划排程，同时集智能手段和智能系统等新兴技术于一体，提高生产过程可控性，减少生产线人工干预，构建高效、节能、绿色、环保、舒适的人性化工厂。

29. 专家系统（Expert System）

专家系统是人工智能早期的一个重要分支，是一类具有专门知识和经验的计算机智能程序系统。

30. 数据湖（Data Lake）

数据湖是一个集中式存储库，允许以任意规模存储所有结构化和非结构化数据，可以按原样存储数据（无需先对数据进行结构化处理），并运行不同类型的分析，从控制面板和可视化到大数据处理、实时分析和机器学习，以指导做出更好的决策。

31. 信息基础设施（Information Infrastructure）

主要是指基于新一代信息技术演化生成的基础设施，比如以 5G、物联网、工业互联网、卫星互联网为代表的通信网络基础设施，以人工智能、云计算、区块链等为代表的新技术基础设施，以数据中心、智能计算中心为代表的算力基础设施等。

32. 新基建（New Infrastructure）

是以新发展理念为引领，以技术创新为驱动，以信息网络为基础，面向高质量发展需要，提供数字转型、智能升级、融合创新等服务的基础设施体系。

参 考 文 献

［1］国务院."互联网＋政务服务"技术体系建设指南（国办函〔2016〕108号）［R］. 2016.

［2］中共中央,国务院.国家新型城镇化规划（2014-2020）［Z］. 2014.

［3］国务院.国务院关于印发新一代人工智能发展规划的通知（国发〔2017〕35号）, 2017.

［4］杜明芳.新型智慧城市应用系统AI建模与实践［J］.中国建设信息化, 2017（18）.

［5］杜明芳. AI＋智慧建筑研究［J］.土木建筑工程信息技术, 2018（03）.

［6］杜明芳.智慧建筑2.0和建筑工业互联网［J］.中国建设信息化, 2018（06）.

［7］杜明芳.建筑能源互联网及其AI应用研究［J］.智能建筑, 2018（03）.

［8］曹静,杨孝宽,赵晓华.交通仿真技术在交通工程实践教学中的应用［J］.中国校外教育, 2009（S3）.

［9］邹智军.新一代交通仿真技术综述［J］.系统仿真学报, 2010（09）.

［10］邓天民,林少波.交通仿真实验教学改革与探索［J］.科学咨询（科技管理）, 2010（07）.

［11］李春艳,陈金川,郭继孚,宋俪婧.北京奥运城市交通仿真平台及应用［J］.城市交通, 2008（05）.

［12］林群,李锋,关志超.深圳市城市交通仿真系统建设实践［J］.城市交通, 2007（05）.

［13］杨晓光,孙剑.面向ITS的交通仿真实验系统［J］.长沙理工大学学报（自然科学版）, 2006（03）.

［14］孔桦桦.交通仿真技术在城市交通诱导评价中的应用研究［J］.交通标准化, 2011（01）.

［15］毛丹洪.仿真技术在实践性教学中的推广使用［J］.职业教育研究, 2007（09）.

［16］杜明芳.智慧建筑——建筑业转型升级之路［J］.中国建设信息化, 2019（05）.

［17］杜明芳.融合CPS＋和AI＋的智慧城乡创新发展模式研究［C］.第六届BIM国际技术交流会报告, 2019.

［18］杜明芳.人工智能助力制造业转型升级［C］.江苏省科技创新协会十周年大会智能制造论坛报告, 2017.

［19］杜明芳. 5G工业互联网1.0及其在建筑产业中的应用［C］.中国国际智能建筑展览会智慧建筑与智能建筑技术论坛报告, 2019.

［20］杜明芳.基于BIM+IoT+Multi-Agent学习与交互的智慧建筑运维管理系统［C］.住建部科技与产业化发展中心主办智慧住建暨BIM+GIS技术创新应用交流会报告, 2018.

［21］杜明芳. 5G-V2X敏捷车联网助力城市智能物联网建设［C］.第三届中国（南京）交通信息化论坛报告, 2019.

［22］杜明芳．绿色智慧城市 5G 能源互联网［C］．中国首届智慧能源协同创新高峰论坛报告，2019.

［23］杜明芳．AI＋新型智慧城市理论、技术及实践［M］．北京：中国建筑工业出版社，2020.

［24］住房和城乡建设部，国家发展和改革委员会，科学技术部，工业和信息化部等．住房和城乡建设部等部门关于推动智能建造与建筑工业化协同发展的指导意见，2020，7.

［25］上海发布．住房和城乡建设部与上海签约 共建超大城市精细化建设和治理中国典范，2020，7.

［26］郝凤蕾．5G 标准关键技术及应用前景分析［J］．通信设计与应用，2019，2.